中等职业教育品牌专业示范教材

电气控制与 PLC

主　编　侯　美　李文婷

副主编　孙巧花　刘　娜

　　　　宋国梁

编　委　张振三　李　娜

　　　　李　欣　杨　青

中国原子能出版社

China Atomic Energy Press

图书在版编目（CIP）数据

电气控制与 PLC / 侯美 , 李文婷主编 . —— 北京 : 中国原子能出版社 , 2020.3 （2021.9重印）

ISBN 978-7-5221-0514-7

Ⅰ . ①电… Ⅱ . ①侯… ②李… Ⅲ . ①电气控制—中等专业学校—教材② PLC 技术—中等专业学校—教材 Ⅳ . ① TM571.2 ② TM571.6

中国版本图书馆 CIP 数据核字 (2020) 第 049567 号

电气控制与 PLC

出版发行	中国原子能出版社（北京海淀区阜成路 43 号　　　　100048）
责任编辑	白皎玮
责任印刷	潘玉玲
印　　刷	三河市南阳印刷有限公司
经　　销	全国各地新华书店
开　　本	787 mm × 1092 mm　1/16
印　　张	9.5　　　　字　数　205 千字
版　　次	2020 年 10 月第 1 版　2021 年 9 月第 2 次印刷
书　　号	ISBN 978-7-5221-0514-7　　　定　价　52.00 元

网　　址：http:// www.aep.com.cn　　E-mail：atomep123@126.com
发行电话：010-68452845　　　　　　　版权所有　侵权必究

前　言

近十几年来，在 PLC 控制系统的设计和应用中，已经成为工业电气控制自动化的主要技术手段和方法。随着计算机技术、信号处理技术、控制技术、网络技术的不断发展和用户需求不断提高，PLC 在开关量处理的基础上增加了模拟量批处理和运动控制功能。PLC 不再只局限于逻辑控制，在运动控制、过程控制等领域也发挥着很大的作用。

本书的编写正是为了满足广大电器知识及 PLC 技术学习的初学者，内容包括常用低压电器、电气控制系统的基本电路、PLC 的基本概况、FX 系列 PLC 的指令系统及编程方法、PLC 控制系统设计，并提供了 PLC 应用实例，具有一定的实践性、操作性和应用性。本书重视实践技能的培养，在取材上理论联系实际，同时注意与系列教材的衔接，每个模块都配有习题，并随机穿插了一些知识链接供读者了解一些使用技巧。

由于时间仓促且编者水平有限，书中错误和不妥之处在所难免，敬请广大读者批评改正。

编　者

目　录

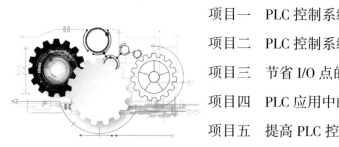

模块一
低压电器

模块概述

　　本模块主要介绍了低压电器的分类，以及主令电器、触电器、继电器、熔断器等常用低压电器的结构和功能特点。

学习目标

　　了解低压电器的分类，重点掌握接触器、继电器、断容器的特点。

项目一　低压电器基础知识

　　低压电器是指工作在交流额定电压 1200 V 及以下，直流额定电压 1500 V 及以下的电路中起通断、保护、控制或调节作用的电器设备。在发电厂、变电所、工矿企业、交通运输等的电力输配电系统和电力拖动控制系统中应用较广泛。

　　低压电器是构成控制系统最常用的器件，了解它的分类和用途，对于设计、分析和维护控制系统都十分必要。

一、低压电器的分类

　　低压电器的用途广泛，作用多样，品种规格繁多，原理结构各异，可从以下几个方面进行分类。

1．按操作方式分类

　　按操作方式的不同，可将低压电器分为非自动电器和自动电器两大类。

　　（1）非自动控制电器

　　依靠外力（如人力）直接操作才能完成电路的接通、分断等任务的电器称为非自动控制电器（或称手动电器），如刀开关、按钮和转换开关等。

　　（2）自动控制电器

　　不需人工直接操作，依靠本身参数的变化或外来信号（包括电的或非电的信号）的作用，自动完成接通、分断电路任务的电器称为自动电器，如低压断路器、接触器和继电器等。

2．按用途分类

按用途的不同，低压电器可分为配电电器、控制电器、保护电器和执行电器等。

（1）低压配电电器

这类电器主要用于低压供电、配电系统中进行电能输送和分配，包括刀开关、低压断路器、熔断器、自动开关等。主要技术要求是工作可靠，分断能力强，有足够的热稳定性和动稳定性，在系统发生故障的情况下能起保护作用。

（2）低压控制电器

这类电器主要用于各种控制电路和控制系统中，包括接触器、继电器、控制器、控制按钮、行程开关、电磁阀、主令电器和万能转换开关等。主要技术要求是工作可靠，电气和机械寿命长，操作频率高等。

（3）低压保护电器

这类电器主要用于对电路及用电设备进行保护，如熔断器、热继电器、电压继电器、电流继电器等。对这类电器的要求是可靠性高，反应灵敏，具有一定的通断能力。

（4）低压执行电器

低压执行电器指用于完成某种动作或传送功能的电器，如电磁铁、电磁离合器等。

3．按执行机构分类

低压电器按有无触点的结构可分为有触点电器和无触点电器两大类。

（1）有触点电器

这类电器的执行机构是触点，利用触点的闭合与分断来实现被控电路的接通和断开，如接触器、低压断路器等。

（2）无触点电器

这类电器的执行机构是电子器件，通过控制电子器件的导通与截止来实现被控电路的接通和断开，如接近开关、光电开关等。

目前有触点的电器仍占多数，随着电子技术的发展，无触点电器的应用也日趋广泛。

4．按工作原理分类

按工作原理的不同，可将低压电器分为电磁式电器和非电量控制电器。

（1）电磁式电器

这类电器是指根据电磁感应原理来工作，如交直流接触器、电磁式继电器等。

（2）非电量控制电器

这类电器是靠外力或非电物理量的变化而动作的电器，如刀开关、行程开关、按钮、速度继电器、压力继电器和温度继电器等。

二、电磁式低压电器的基本结构与工作原理

电磁式电器是电气控制系统中最常见的低压电器，从其基本结构上看，大部分由电磁机构、触头系统和灭弧装置三个部分组成。

1.磁路机构

（1）电磁机构的结构形式

电磁机构是低压电器的感测部件，主要由电磁线圈、铁芯以及衔铁三部分组成，其作用是将电磁能转换成机械能，带动触头动作，以控制电路的接通或断开。电磁线圈按接入电流的种类不同，可分为直流线圈和交流线圈，与之对应的电磁机构有直流电磁机构和交流电磁机构。

常用的磁路结构可分为三种形式：

第一，衔铁沿棱角转动的拍合式铁芯，如图1-1（a）所示。这种形式广泛应用于直流电器中。

第二，衔铁沿轴转动的拍合式铁芯，如图1-1（b）所示。其铁芯形状有E形和U形两种。此种结构多用于触点容量较大的交流电器中。

第三，衔铁直线运动的双E形直动式铁芯，如图1-1（c）所示。多用于交流接触器、继电器中。

在交流电磁机构中，由于铁芯存在磁滞和涡流损耗，铁芯和线圈均易发热，因此在铁芯与线圈之间留有散热间隙；线圈做成有骨架、短而厚的矮胖型，以便于散热；铁芯采用硅钢片叠成，以减小涡流。

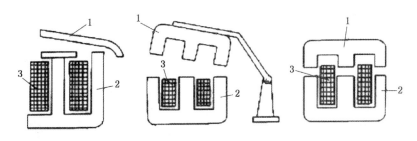

图1-1 常用的磁路结构

（a）衔铁沿棱角转动的拍合式铁芯；（b）衔铁沿轴转动的拍合式铁芯；（c）衔铁直线运动的双E形直动式铁芯
1—衔铁；2—铁芯；3—吸引线圈

（2）电磁机构的工作原理。

电磁铁工作时，线圈产生的磁通作用于衔铁，产生电磁吸力，并使衔铁产生机械位移，衔铁复位时复位弹簧将衔铁拉回原位。因此，作用在衔铁上的力有两个：电磁吸力和反力。电磁吸力由电磁机构产生，反力由复位弹簧和触头等产生。电磁机构的工作特性常用吸力特性和反力特性来表达。

（3）交流电磁铁的短路环。

交流电磁铁磁通常是交变的，当磁通过零时，电磁铁的吸力也为零，吸合后的衔铁在反力弹簧的作用下将被拉开，磁通过零后电磁吸力又增大，当吸力大于弹簧反力时，衔铁又吸合。这样反复动作，使衔铁产生强烈振动和噪声，甚至使铁芯松散。因此交流电磁铁铁芯端面上都安装一个铜制的短路环。短路环包围铁芯端面约2/3的面积，如图1-2所示。

短路环把铁芯中的磁通分为两部分，即不穿过短路环的 Φ_1 和穿过短路环的 Φ_2，且滞后 Φ_1，使合成吸力始终大于反作用力，从而消除了振动和噪声。

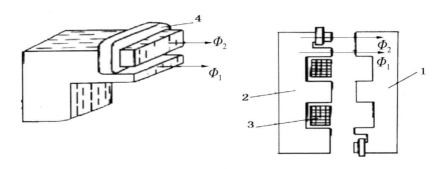

图 1-2　交流电磁铁的短路环

1- 衔铁；2- 铁芯；3- 短路环

2. 触点系统

触点是电器的执行部分，起接通和分断电路的作用。要求触点的导电、导热性能良好。触点主要有以下几种结构形式：

（1）桥式触点。图 1-3（a）是两个点接触的桥式触点，图 1-3（b）是两个面接触的触点，均为两个触点串于同一条电路中，电路的接通与断开由两个触点共同完成。点接触形式用于电流不大且触点压力小的场合；面接触形式适用于大电流的场合。

（2）指形触点。图 1-3（c）为指形触点，其接触区为一直线，触点接通或分断时产生滚动摩擦，利于去掉氧化膜。此种形式适用于通电次数多、电流大的场合。

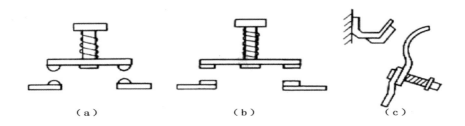

（a）　　　　　（b）　　　　　（c）

图 1-3　触点的结构形式

（a）两个点接触的桥式触点；（b）两个面接触的触点；（c）指形触点

3. 灭弧方法

触点在通电状态下动、静触头脱离接触时，由于电场的存在，使触头表面的自由电子大量溢出而产生电弧。电弧的存在既烧损触头金属表面，降低电器的寿命，又延长了电路的分断时间，所以必须迅速消除。

常见的灭弧方法主要有下面几种：

（1）机械力灭弧。依靠触点的分开，机械地拉长电弧，使之冷却并熄灭，如图 1-4 所示。

（2）电动力灭弧。利用流过导电回路或特制线圈的电流在弧区产生磁场，使电弧受力迅速移动和拉长电弧，如图 1-5 所示。这种灭弧方法一般用于交流接触器等交流电器中。

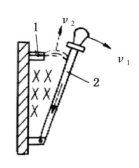

图 1-4　机械力灭弧

1- 静触点；2- 动触点；v_1- 动触点移动速度；

v_2- 电弧在磁场力作用下移动速度

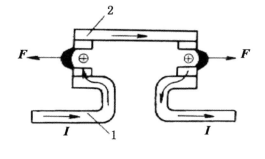

图 1-5　电动力灭弧

1- 静触点；2- 动触点；

（3）磁吹灭弧。在触点电路中串入一个磁吹线圈，负载电流产生的磁场方向如图 1-6 所示。当接触点断开产生电弧后，在电动力作用下，电弧被拉长并吹入灭弧罩 6 中，使电弧冷却熄灭。它广泛应用于直流接触器中。

（4）窄缝灭弧。依靠磁场的作用，将电弧驱入用耐弧材料制成的狭缝中，以加快电弧的冷却，如图 1-7 所示。

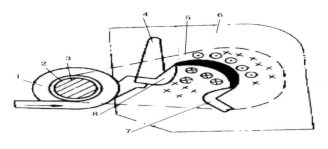

图 1-6　磁吹灭弧

1- 磁吹线圈；2- 绝缘套；3- 芯；4- 引弧角

5- 导磁夹板；6- 灭弧罩；7- 动触点；8- 静触点

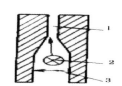

图 1-7　窄缝灭弧

1- 窄缝中的电弧；2- 电弧电流；3- 灭弧磁场

（5）栅片灭弧。将电弧分隔成许多串联的短弧，使电弧迅速冷却而很快灭弧，如图 1-8 所示。

（6）气吹灭弧。在封闭的灭弧室中，利用电弧自身能量分解固体材料产生气体，来提高灭弧室中的压力或者利用产生的气流使电弧拉长和冷却进行灭弧，如图 1-9 所示。

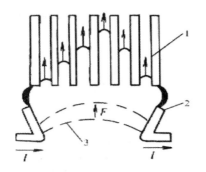

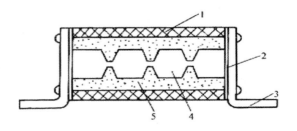

图 1-8　栅片灭弧

1- 灭弧栅片；2- 触点；3- 电弧

图 1-9　气吹灭弧

1- 熔管；2- 端盖；3- 接线板；4- 熔片；5- 石英砂

项目二　接触器

接触器是一种自动接通或断开大电流电路的电器。它可以频繁地接通或分断交、直流电路，并可实现远距离控制。其主要控制电动机、电热设备、电焊机、电容器组等其他负载。它还具有低电压释放保护功能。接触器具有控制容量大，过载能力强，寿命长，设备简单、经济等特点，是电力拖动自动控制线路中使用最广泛的低压电器。接触器主要由电磁机构、触点系统和灭弧装置组成。可分为交流接触器和直流接触器两大类型。

一、交流接触器

1. 电磁机构

电磁机构由吸引线圈、铁芯和衔铁组成。直动式电磁机构的铁芯一般都是双 E 形衔铁，有的衔铁采用绕轴转动的拍合式电磁机构，其作用是将电磁能转换为机械能，产生电磁吸力带动触点动作。

2. 触点系统

触点是接触器的执行元件，用来接通或断开被控制电路。接触器的触点系统包括主触点和辅助触点。主触点用于接通或断开主电路，允许通过较大的电流；辅助触点用于接通或断开控制电路，通过的电流较小。

触点按其原始状态可分为动合触点和动断触点。原始状态时（即线圈未通电）断开，当线圈通电后闭合的触点称为动合触点；原始状态闭合，线圈通电后断开的触点称为动断触点（线圈断电后所有触点复位）。

3. 灭弧装置

当触点断开的瞬间，触点间距极小，电场强度较大，触点间产生大量的带电粒子，形成炽热的电子流，产生弧光放电现象，称为电弧。电弧的出现，既妨碍电路的正常分断，又会使触点受到严重灼伤，为此必须采用有效的措施进行灭弧，以保证电路和电器元件工作安全可靠。要使电弧熄灭，应设法降低电弧的温度和电场强度。常用的灭弧装置有灭弧罩、灭弧栅和磁吹灭弧装置等。

4. 其他部件

其他部件包括反作用力弹簧、传动机构和接线柱等。其结构示意图，如图 1-10 所示。

5. 工作原理

当电磁线圈通电后，线圈电流产生磁场，使静铁芯产生吸力吸引衔铁，并带动触点动作，动断触点断开；动合触点闭合，两者是联动的。当线圈断电时，电磁吸力消失，衔铁在释放弹簧的作用下释放，使触点复位：动合触点断开，动断触点闭合。

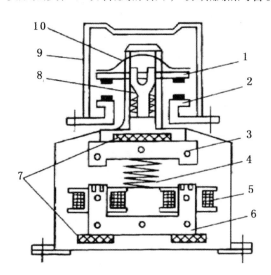

图 1-10　CJ20-63 型交流接触器示意图

1—动触点；2—静触点；3—动铁芯；4—缓冲弹簧；5—电磁线圈；6—静铁芯；

7—垫毡；8—接触弹簧；9—灭弧罩；10—触点压力簧片

二、直流接触器

直流接触器主要应用于远距离接通与分断直流电路及直流电动机的频繁启动、停止、反转或反接制动控制，还用于 CD 系列电磁操作机构合闸线圈、频繁接通和断开起重电磁铁、电磁阀、离合器、电磁线圈等。直流接触器的结构和工作原理与交流接触器基本相同，也由电磁机构、触头系统和灭弧装置组成。

1．电磁机构

电磁机构采用沿棱角转动拍合式铁芯，由于线圈中通入直流电流，铁芯不会产生涡流，可用整块铸铁或铸钢制成铁芯，不需要短路环。

2．触头系统

触头系统有主触头和辅助触头，主触头通断电流大，采用滚动接触的指形触头；辅助触头通断电流小，采用点接触的桥式触头。

3．灭弧装置

由于直流电弧比交流电弧难熄灭，故直流接触器由磁吹式灭弧装置和石棉水泥灭弧罩组成。直流接触器通入直流电，吸合时没有冲击启动电流，不会产生猛烈撞击现象，因此使用寿命长，适用于频繁操作的场合。

常用的直流接触器有：CZ0、CZ18 等系列。接触器图形及文字符号，如图 1-11 所示。

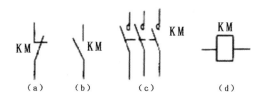

图 1-11　接触器的文字与图形符号

（a）辅助动断触点；（b）辅助动合触点；（c）主触点；（d）线圈

三、使用接触器的注意事项

（1）定期检查接触器的零件，要求可动部分灵活，紧固件无松动，已损坏的零件应及时修理或更换。

（2）保持触点表面的清洁，不允许粘有油污，当触点表面因电弧烧蚀而附有金属小珠粒时，应及时去掉，触点若已磨损，应及时调整，消除过大的超程；若触点厚度只剩下 1/3 时，应及时更换。

（3）接触器不允许在去掉灭弧罩的情况下使用，因为这样很可能因触点分断时电弧互相连接而造成相间短路事故，用陶土制成的灭弧罩易碎，拆装时应小心，避免碰撞造成损坏。

（4）若接触器已不能修复，应予更换，更换前应检查接触器的铭牌和线圈标牌上标出的参数。换上去的接触器的有关数据应符合技术要求，有些接触器还需要检查和调整触点的开距、超程、压力等，使各个触点动作同步。

（5）接触器工作条件恶劣时（如：电动机频繁正、反转），接触器额定电流应选大一个等级。

（6）避免异物落入接触器内，因为异物可能使动铁芯卡住而不能闭合，磁路留有气隙时，线圈电流很大，时间长了会因电流过大而烧毁。

项目三　继电器

　　继电器是一种根据输入信息的变化、接通或断开小电流控制电路、实现自动控制和保护作用的控制电器。继电器由感测机构、中间机构和执行机构三个基本部分组成。感测机构把感测到的信息（电量或非电量）传递给中间机构，中间机构将这一信息与预定值（整定值）进行比较，当达到整定值时，中间机构发出指令使执行机构动作，以实现对电路的通断控制。

　　继电器的种类和形式很多，按用途可分为控制继电器和保护继电器；按工作原理可分为电磁式继电器、感应式继电器、热继电器、机械式继电器、电动式继电器和电子式继电器；按反映的参数（输入信号）可分为电流继电器、电压继电器、时间继电器、速度继电器、压力继电器；按动作时间可分为瞬时继电器（动作时间小于 0.05 s）和延时继电器（动作时间大于 0.15 s）；按输出形式可分为有触点继电器和无触点继电器，等等。

一、电磁式继电器

　　电磁式继电器是以电磁力为驱动力的继电器，它在电气控制设备中用得的最多。它由电磁机构、触点系统和调节装置等组成。电磁继电器按线电磁机构的不同，可分为交流电磁继电器和直流电磁继电器，按继电器反映参数的不同又分为电流继电器、电压继电器和中间继电器。

1. 电流继电器

　　电流继电器主要用于过载及短路保护，它反映的是电流信号。在使用时，电流继电器的线圈和负载串联，其线圈匝数少、导线粗、阻抗小。由于线圈上的压降很小，不会影响负载电路的电流。常用的电流继电器有欠电流继电器和过电流继电器两种。

　　电路正常工作时，欠电流继电器的衔铁是吸合的，其常开触头闭合，常闭触头断开。当电路电流减小到某一整定值以下时，欠电流继电器衔铁释放，控制电路失电，对电路起欠电流保护作用。欠电流继电器的吸引电流为线圈额定电流的 30% ~ 65%，释放电流为线圈额定电流的 10% ~ 20%。

　　电路正常工作时，过电流继电器不动作，当电路中电流超过某一整定值时，过电流继电器衔铁吸合，触头系统动作，控制电路失电，从而控制接触器及时分断电路，对电路起过流保护作用。整定范围通常为 1.1 ~ 4 倍额定电流。

2. 电压继电器

　　电压继电器的结构与电流继电器相似，不同的是电压继电器反映的是电压信号。它的线圈为并联的电压线圈，因此匝数多、导线细、阻抗大。按吸合电压的大小，电压继电器可分为过电压继电器和欠电压继电器。

过电压继电器用于电路的过电压保护，当被保护电路的电压正常工作时，衔铁释放；当被保护电路的电压达到过电压继电器的整定值（额定电压的 110%～115%）时，衔铁吸合，触头系统动作，控制电路失电，从而保护电路。

欠电压继电器用于电路的欠电压保护，当被保护电路的电压正常工作时，衔铁吸合；当被保护电路的电压降至欠电压继电器的释放整定值时，衔铁释放，触头系统复位，控制接触器及时分断被保护电路。欠电压继电器在电路电压为额定电压的 40%～70% 时释放。

3. 中间继电器

中间继电器实质是一种电压继电器，它的特点是触点数目较多，触点容量较大，可起到中间扩展触点数或容量的作用。

产品系列包括：JL14、JL18、JT18、JZ15、3TH80、3TH82 及 JZC2 等。其中 JL14 系列为交直流欠电流继电器，JL18 系列为交直流过电流继电器，JZ15 为中间继电器，3TH80、3TH82 为接触器式继电器，与 JZC2 系列类似。

电磁式继电器的图形符号，如图 1-12 所示。

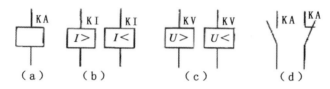

图 1-12　电磁式继电器的符号

(a) 线圈一般符号；(b) 过电流、欠电流继电器线圈；(c) 过电压、欠电压继电器线圈；(d) 动合、动断触点

二、时间继电器

继电器的感测元件在感受到外接信号后（如电磁机构线圈的得电或断电），经过一段时间才使执行机构动作（如触点的闭合或断开），这类继电器称为时间继电器。时间继电器的种类很多，按其动作原理可分为电磁式、空气阻尼式、电子式等。按触点延时方式可分为通电延时型和断电延时型。

1. 直流电磁式时间继电器

直流电磁式时间继电器是在电磁式电压继电器铁芯上套个阻尼铜套，如图 1-13 所示。当电磁线圈接通电源时，在阻尼铜套内产生感应电动势，流过感应电流。在感应电流作用下产生的磁通阻碍穿过铜套内的原磁通变化，因而对原磁通起阻尼作用，使磁路中的原磁通增加缓慢，使达到吸合磁通值的时间加长，衔铁吸合时间后延，触头也延时动作。由于电磁线圈通电前，衔铁处于打开位置，磁路气隙大，磁阻大，磁通小，阻尼套筒作用也小，因此衔铁吸合时的延时只有 0.1~0.5 s，延时作用可不计。但当衔铁已处于吸合位置，在切断电磁线圈直流电源时，因磁路气隙小，磁阻小，磁通变化大，铜套的阻尼作用大，使电磁线圈断电后衔铁延时释放，相应触头延时动作，线圈断电获得的延时可达 0.3~5 s。直流电磁式时间继电器延时时间的长短可通过改变铁芯与衔铁间非磁性垫片的厚薄（粗调）或改变释放弹簧的松紧（细调）来调节。垫片厚则延时短，垫片薄则延时长；释放弹簧紧则延时短，释放弹簧松则延时长。直流电磁式时间继电器具有结构简单、寿命长、允许通电次数多等优点。但仅适用于直流电路，若用于交流电路需加整流装置；仅能获得断电延时，且延时时间短，延时精度不高。

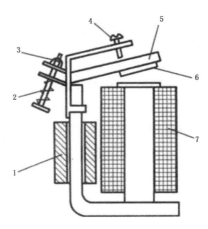

图 1-13　直流电磁式时间继电器图

1—阻尼套筒；2—释放弹簧；3,4—调节螺钉；5—衔铁；6—非磁性垫片；7—电磁线圈

2. 空气阻尼式时间继电器

空气阻尼式时间继电器是利用空气阻尼的作用而达到延时的目的。它由电磁机构、延时机构和触点系统组成。空气阻尼式时间继电器的电磁机构有交流和直流两种，延时方式有通电延时型和断电延时型（改变电磁机构位置，将电磁铁翻转 180° 安装）。当动铁芯（衔铁）位于静铁芯和延时机构之间时为通电延时型；当静铁芯位于动铁芯和延时机构之间时为断电延时型。空气阻尼式时间继电器动作原理，如图 1-14 所示。

对于断电延时型时间继电器，如图 1-14（a）所示。当线圈 1 通电后，衔铁 4 连同推板 5 被静铁芯 2 吸引吸合，微动开关 15 推上从而使触头迅速转换。同时在空气室内与橡皮膜 9 相连的顶杆 6 也迅速向上移动，带动杠杆 14 左端迅速上移，微动开关 13 的常开触头马上闭合，常闭触头马上断开。当线圈断电时，微动开关 13 迅速复位，在空气室内与橡皮膜 9 相连的顶杆 6 在弹簧 8 作用下也向下移动，由于橡皮膜 9 下方的空气稀薄形成负压，起到空气阻尼的作用，故而顶杆 6 只能缓慢向下移动，移动速度由进气孔 11 的大小而定，可通过调节螺钉 10 调整顶杆 6 的移动速度。经过一段延时后，活塞 12 才能移到最下端，并通过杠杆 14 压动微动开关 13，使其常开触头断开，常闭触头闭合，起到延时闭合的作用。

对于通电延时型时间继电器，如图 1-14（b）所示。当线圈 1 通电时，其延时常开触头要延时一段时间才闭合，常闭触头要延时一段时间才断开；当线圈 1 失电时，其延时常开触头迅速断开，延时常闭触头迅速闭合。

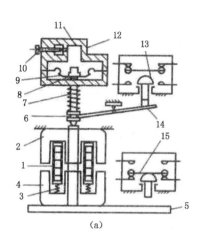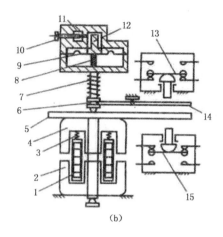

图 1-14　空气阻尼式时间继电器动作原理

1—线圈；2—静铁芯；3、7、8—弹簧；4—衔铁；5—推板；6—顶杆；9—橡皮膜；10—凋节螺钉；

11—进气孔；12—活塞；13、15—微动开关；14—杠杆

3．电子式时间继电器

　　随着电子技术的发展，电子式时间继电器也迅速发展。这类时间继电器体积小、延时范围大、精度高、寿命长，到目前得到广泛的应用。现以 JSJ 系列时间继电器为例，说明其工作原理。JSJ 型晶体管时间继电器原理图，如图 1-15 所示。

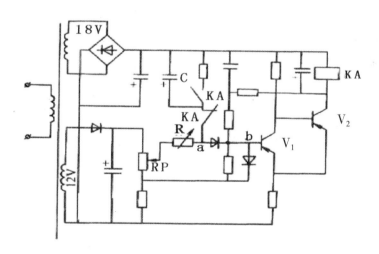

图 1-15　JSJ 型晶体管时间继电器原理图

　　图中有两个电源，主电源由变压器二次侧的 18 V 电压经整流、滤波而得到；辅助电源由变压器二次侧的 12 V 电源经整流、滤波得到。本电路利用 RC 电路电容器充电原理实现延时。时间继电器图形及文字符号，如图 1-16 所示。

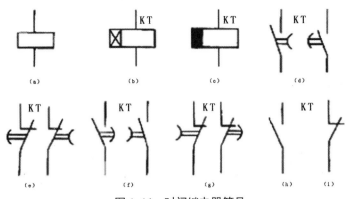

图 1-16 时间继电器符号

（a）线圈一般符号；（b）通电延时线圈；（c）断电延时线圈；（d）延时闭合动合触点；
（e）延时断开动断触点；（f）延时断开动合触点；（g）延时闭合动断触点；
（h）瞬时动合触点；（i）瞬时动断触点

知识链接

时间继电器形式多样，各具特点，选择时应从以下几方面考虑：

（1）根据控制电路中对延时触点的要求来选择延时方式，即通电延时型或断电延时型。

（2）根据延时准确度要求和延时长短要求来选择。

（3）根据使用场合、工作环境选择。

三、热继电器

热继电器是利用电流流过发热元件产生热量使检测元件受热弯曲，进而推动机构动作的一种保护电器。由于发热元件具有热惯性，在电路中不能用于瞬时过载保护，更不能做短路保护，主要用作电动机的长期过载保护。在电力拖动控制系统中应用最广的是双金属片式热继电器。图 1-17 为热继电器结构原理图。它主要由双金属片、加热元件、动作机构、触点系统、整定调整装置和温度补偿元件等组成，利用电流热效应原理工作。热继电器通常有一动合一动断触点。动断触点串入控制回路，动合触点可接入信号回路。

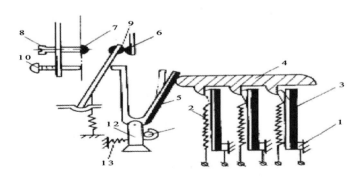

图 1-17 热继电器的结构原理图

1—推杆；2—主双金属片；3—加热元件；4—导板；5—补偿双金属片；6—静触点；
7—动合静触点；8—复位螺钉；9—动触点；10—按钮；11—调节旋钮；12—支撑件；13—压簧

1．热继电器常见的型号

常用的热继电器有 JR20，JRS1，JR36，JR21，3UA5，3UA6，LR1-D,T 系列。后四种是引入国外的技术生产。JR20 系列具有断相保护、温度补偿、整定电流值可调、手动脱扣、自动复位、动作后的信号指示等作用。根据它与交流接触器的安装方式不同，可分为分立结构和组合式结构，可通过导电杆与挂钩直接插接，并且电气连接在 CJ20 接触器上。引进的 T 系列热继电器常与 B 系列接触器组合成电磁启动器。

热继电器的主要技术参数有额定电压、额定电流、相数、发热元件规格、整定电流和刻度电流调节范围等。热继电器图形及文字符号，如图 1-18 所示。

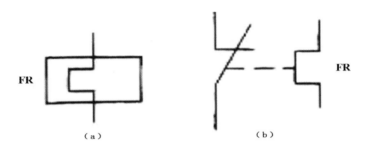

图 1-18　热继电器的符号

（a）热继电器驱动器件；（b）动断触点

2．热继电器选择

选择热继电器时应根据电动机的工作环境、启动情况、负载性质等因素来考虑。

（1）热继电器结构形式的选择，星形联结的电动机可选用两相结构热继电器；三角形联结的电动机应选用带断相保护装置的三相结构热继电器。

（2）根据被保护电动机的实际启动时间选取 6 倍额定电流下具有相应可返回时间的热继电器。一般热继电器的可返回时间为 6 倍额定电流下动时间的 50% ~ 70%。

（3）热元件额定电流的选取，一般可按下式选取：

$$I_N=（0.95 ~ 1.05）I'_N$$

式中，I_N——热元件的额定电流；

I'_N——电动机的额定电流。

3．具有断相保护的热继电器

决定电动机发热的是绕组的相电流，热继电器的热元件最好串接在相线上。但在实际应用中，为了接线方便，常将热元件串接于三相交流电的进线端，即通过热元件的电流是电动机的线电流，并按额定线电流整定。如果线路没有发生断相故障，则不论电动机是星形接法还是三角形接法，不带断相保护的三相式热继电器都能起到保护作用。但是，如果出现断相故障，情况就不一样了。若热继电器所保护的电动机是星形接法的，当线路发生某相断相时，另外两相发生过载，由于相电流等于线电流，所以普通的热继电器可以对此做出反应，起到保护作用。

四、速度继电器

速度继电器是按速度原则动作的继电器，主要用于三相异步电动机按速度原则控制的反接制动线路，也称反接制动继电器，其结构原理，如图 1-19 所示。

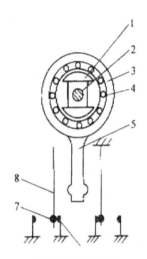

图 1-19   速度继电器结构原理图

1—转子；2—电动机轴；3—定子；4—绕组；5—定子柄；6—静触点；7—动触点；8—簧片

速度继电器由定子、转子和触点三部分组成。定子的结构与笼型异步电动机相似，是一个笼型空心圆环，由硅钢片冲压而成，并装有笼型绕组。转子是一块永久磁铁。速度继电器的轴与电动机的轴相连接。转子固定在轴上，定子与轴同心。

其图形及文字符号，如图 1-20 所示。

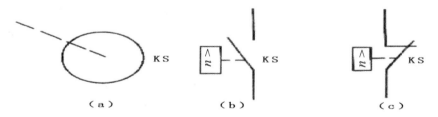

图 1-20   速度继电器的图形、文字符号

（a）转子；（b）动合触点；（c）动断触点

继电器的种类繁多，除上述介绍的继电器之外，还有压力继电器、温度继电器、光电继电器、固态继电器、干簧继电器等。

项目四　熔断器

一、熔断器的结构和保护特性

熔断器是一种最简单而且有效的保护电器。熔断器串联在电路中，当电路或电器设备发生过载和短路故障时，有很大的过载和短路电流通过熔断器，使熔断器的熔体迅速熔断，切断电源，从而起到保护线路及电器设备的作用。它主要由熔体和安装熔体的熔管组成，串接于被保护的电路中。当电路正常工作时，熔断器允许通过一定大小的电流，其熔体不熔化；当电路发生短路时，熔体中流过很大的故障电流，产生的热量使熔体融化，自动切断电路，从而达到保护目的。

通过溶体的电流与熔断时间的关系具有反时限特性，称为熔断器的保护特性，如图 1-21 所示。

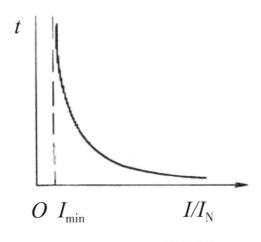

图 1-21　熔断器的保护特性曲线

二、常用熔断器

1. 插入式熔断器

如图 1-22 所示，插入式熔断器是一种最常用、结构最简单的熔断器，常用于低压分支电路的短路保护。常见的插入式熔断器有 RC1A 系列。

2. 螺旋式熔断器

如图 1-23 所示，螺旋式熔断器的熔管内装有石英砂或惰性气体，有利于电弧的熄灭，因此螺旋式熔断器具有较高的分断能力。熔体的上端盖有一熔断指示器，熔断时红色指示器弹出，可以通过瓷帽上的玻璃孔观察到。它常用于机床电器控制设备中。

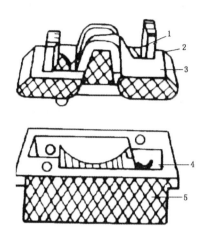

图 1-22　插入式熔断器

1—动触点；2—熔体；3—瓷插件；4—静触点；5—瓷座

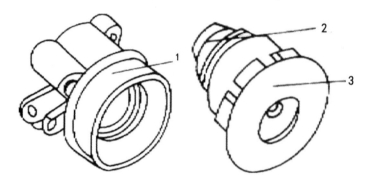

图 1-23　螺旋式熔断器

1—底座；2—熔体；3—瓷帽

3．无填料密闭管式熔断器

如图 1-24 所示，它常用于低压电力网或成套配电设备中。

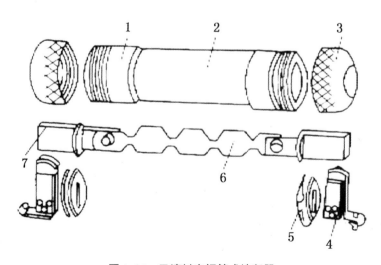

图 1-24　无填料密闭管式熔断器

1—铜圈；2—熔断器；3—管帽；4—插座；5—特殊垫圈；6—橡体；7—熔片

4．有填料封闭管式熔断器

如图 1-25 所示，此熔断器的绝缘管内装有石英砂作填料，用来冷却和熄灭电弧。它常用于大容量的电力网或配电设备中。

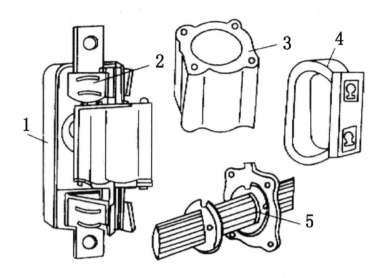

图 1-25　有填料封闭管式熔断器

1—瓷底座；2—弹簧片；3—管体；4—绝缘手柄；5—熔体

5．快速熔断器

由于半导体元件的过载能力很低，只能在极短时间内承受较大的过载电流，因此要求短路保护具有快速熔断的能力。快速熔断器的结构和有填料封闭式熔断器基本相同，但熔体材料和形状不同，它是以银片冲制的，有 V 形深槽的变截面熔体。

6．自复熔断器

它是一种新型熔断器，以金属钠作熔体，其熔点低、易气化。常温下钠的电阻很小，正常工作电流易通过。当发生短路时,温度急剧升高,固态钠迅速气化,而气态钠电阻很高,从而限制短路电流通过,达到短路保护目的。当短路故障消除温度降低后,钠又恢复为固态,又可保持良好得导电性。所以,自复式熔断器不用更换熔体,能够反复使用,这是它的优点。但它只是限制了短路电流的通过，而不能完全切断，这是主要的缺点。

熔断器的图形及文字符号，如图 1-26 所示。

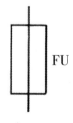

FU

图 1-26　熔断器的符号

在选择熔断器时，主要考虑以下几个技术参数：

（1）熔断器类型选择，其类型应根据线路的要求、使用场合和安装选择。

（2）熔断器额定电压的选择，其额定电压应大于或等于线路的工作电压。

（3）熔断器额定电流的选择，其额定电流必须大于或等于所装溶体的额定电流。

（4）溶体极限分断能力的选择，必须大于电路中可能出现的最大故障电流。

项目五 低压开关及主令电器

低压开关又称刀开关，是低压配电中结构最简单且应用最广泛的电器，主要应用在低压成套配电装置中，用作不频繁地手动接通和分断交、直流电路负荷开关或隔离开关。常用的有：刀开关、转换开关等。主令电器种类繁多，按其作用可分为：控制按钮、行程开关、万能转换开关等。

一、低压开关

1. 刀开关

刀开关由操作手柄、触刀、静插座和绝缘底板组成。依靠手动来实现触刀插入或脱离插座的控制。按刀数可分为单级、双极和三极。刀开关符号，如图 1-27 所示。

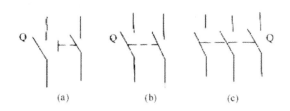

图 1-27 刀开关的符号

（a）单极；（b）双极；（c）三极

（1）胶盖闸刀开关。图 1-28（a）为 HK 系列瓷底胶盖刀开关结构图，由刀开关和熔丝组合而成。瓷底板上装有进线座、静触点、熔丝、出线座和刀片式的动触点，上面罩有两块胶盖。这样，操作人员不会触及带电部分，并且分断电路时产生的电弧也不会飞出胶盖外面而灼伤操作人员。安装时，刀开关在合闸状态下手柄应该向上，不能倒装和平装，以防止闸刀松动落下时误合闸。静触点一边为进线端，动触点一边的出线端。

胶盖闸刀开关图形符号和文字符号，如图 1-28（b）所示。

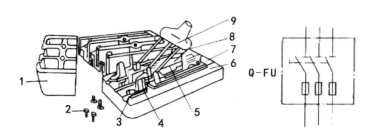

图 1-28 HK 系列瓷底胶盖刀开关

（a）结构图；（b）带熔断器刀开关符号

1—胶盖；2—胶盖固定螺钉；3—进线座；4—静触点；5—熔丝；6—瓷底；7—出线座；8—动触点；9—瓷柄

（2）铁壳开关。又称封闭式负荷开关,用于非频繁启动、28 kW 以下的三相异步电动机。铁壳开关由钢板外壳、触刀、操作机构、熔丝等组成,其结构如图 1-29 所示。

操作机构具有两个特点:一是采用储能合闸方式,在手柄转轴与底座间装有速断弹簧,以执行合闸或分闸,在速断弹簧的作用下,动触刀与静触力分离,使电弧迅速拉长而熄灭;二是具有机械联锁,当铁盖打开时,刀开关被卡住,不能操作合闸。铁盖合上,操作手柄使开关合闸后,铁盖不能打开。

选用刀开关时,刀的极数要与电源进线相数相等;刀开关的额定电压应大于所控制的线路额定电压;刀开关的额定电流应大于负载的额定电流。

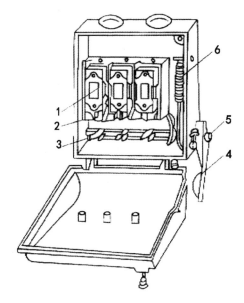

图 1-29　HH 系列铁壳开关

1—熔断器;2—夹座;3—闸刀;4—手柄;5—转轴;6—速动弹簧

铁壳开关适用于各种配电设备中,具有短路保护功能。使用铁壳开关时,外壳应可靠接地,防止意外漏电造成触电事故。铁壳开关图形符号和文字符号与胶盖闸刀开关相同。

2. 转换开关

转换开关又称组合开关,是一种多触点、多位置、可控制多个回路的电器。转换开关主要用作电源引入开关,或用于控制 5 kW 以下小功率电动机的直接启动、停止、换向。其操作频率不应超过每小时 20 次。组合开关的选用应根据电源的种类、电压等级、所需触点数及电动机的功率选用,组合开关的额定电流应取电动机额定电流的 1.5 ~ 2 倍。

图 1-30 为 HZ10 系列转换开关的外形和结构图,实际上它是由多极触点组合而成的刀开关,由动触点（动触片）、静触点（静触片）、转轴、手柄、定位机构及外壳等部分组成。其内部结构示意图,如图 1-31 所示,当转动手柄时,每层的动触片随方形转轴一起转动。

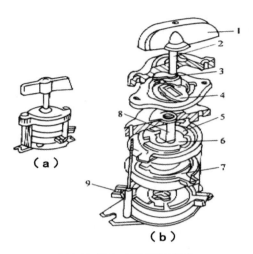

图 1-30　HZ10—10/3 型转换开关

（a）外形；（b）结构

1—手柄；2—转轴；3—扭黄；4—也轮；5—绝缘垫板；6—动触片；7—静触片；8—绝缘杆；9—接线柱

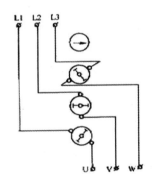

图 1-31　转换开关结构示意图

转换开关有单极、双极和多极之分，其图形和文字符号，如图 1-32 所示。

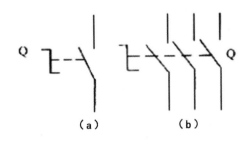

图 1-32　转换开关的符号

（a）单极；（b）三极

知识链接

转换开关的使用

　　用转换开关控制 7 kW 以下电动机的启动和停止，该转换开关额定电流应为电动机额定电流的 3 倍。用转换开关接通电源，由接触器电动机时，转换开关的额定电流可稍大于电动机的额定电流。

二、主令电器

主令电器是主要用来接通或断开控制电路，以发布命令或信号，改变控制系统工作状态的电器。常用的主令电器有控制按钮、行程开关、万能转换开关等。

1．控制按钮

控制按钮一般由按钮、复位弹簧、触头和外壳等部分组成，其结构示意图，如图 1-33 所示。为了便于区分各按钮不同的控制作用，通常将按钮帽做成不同颜色，以避免误操作。常以红色表示停止按钮，绿色表示启动按钮。控制按钮的选择要根据所需触点对数、使用场合及作用来选择型号及按钮颜色。图 1-34 是按钮的图形符号。

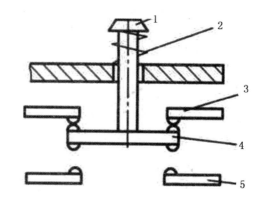

图 1-33　LA19-11 型按钮

1—按钮；2—复位弹簧；3—常闭静触头；4—动触头；5—常开静触头

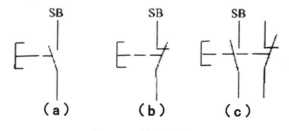

图 1-34　按钮的符号

（a）动合触点；（b）动断触点；（c）复式触点

2．行程开关

行程开关也称为限位开关或位置开关，用于检测工作机械的位置，是一种利用生产机械某些运动部件的撞击来发出控制信号的主令电器，所以称为行程开关。将行程开关安装于生产机械行程终点处，可限制其行程。行程开关主要用于改变生产机械的运动方向、行程大小、位置保护等。

行程开关的种类很多，按动作方式分为瞬动型和蠕动型；按其头部结构可分为直动式（如 LX1、JLXK1 系列）、滚轮式（如 LX2、JLXK2 系列）和微动式（如 LXW-11、JLXK1-11 系列）3 种。

（1）直动式行程开关。又可称为按钮式开关。其结构如图 1-35 所示，但它是用运动部件上的撞块碰撞行程开关的推杆发出的控制指令。

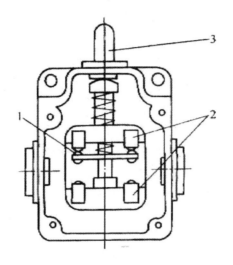

图 1-35 直动式行程开关

1—动触点；2—静触点；3—推杆

（2）微动开关。采用弯形片状弹簧的瞬时机构，它的快速动作是靠弯片弹簧，发生变形时储存的能量突然释放来完成的。微动开关结构，如图 1-36 所示，其动作极限行程和动作压力均很小，只适用于小型机构中使用。但它有体积小、动作灵敏的优点。

（3）涡轮式行程开关。当移动速度低于 0.4 m/min 时，触点断开太慢，易受电弧烧损。为此，应采用有笼型弹簧机构瞬时动作的滚轮式行程开关，如图 1-37 所示。

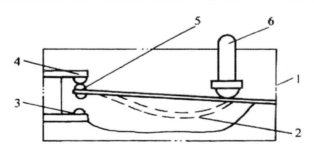

图 1-36 微动开关结构图

1—壳体；2—弓簧片；3—动合触点；4—动断触点；5—动触点；6—推杆

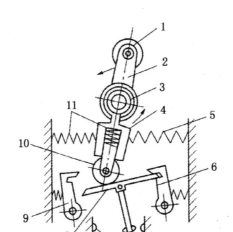

图 1-37　转动式行程开关结构图

1—滚轮；2—上轮臂；3、5、11—弹簧；4—套架；6、9—压板；7—触点；8—触点推杆；10—小滑轮

行程开关的图形符号及文字符号，如图 1-38 所示。

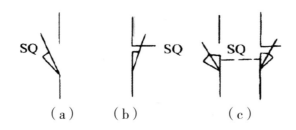

（a）　　　　　　（b）　　　　　　　（c）

图 1-38　行程开关的符号

（a）动合触点；（b）动断触点；（c）复式触点

（4）接近开关。又称为无触点非接触式行程开关，当运动的物体与之接近到一定距离时，它就发出动作信号，从而进行相直的操作，不像机械行程开关那样需要施加机械力。

接近开关是通过其感应头与被测物体间介质能量的变化来取得信号。接近开关的应用已远超出一般行程控制和限位保护的范畴，可用于高速计数、测速、液面检测、检测金属物体是否存在及其尺寸大小、加工程序的自动衔接和作为无触点按钮等。即使用作一般行程控制，其定位精度、操作频率、使用寿命及对恶劣环境的适应能力也比普通机械行程开关高。

图 1-39 是 LJ2 型晶体管式接近开关的原理图。

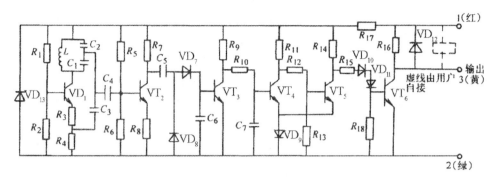

图 1-39　LJ2 型接近开关电路原理图

当没有金属物体接近振荡线圈 L 时，VT₄ 截止，VT₅ 导通，故 VT₆ 截止，则开关无信号输出。

当有金属物体靠近开关感应头时，该物体产生的涡流吸收了振荡器的能量，使振荡减弱至停止，此时 VD₇、VD₈ 整流电路无输出电压，VT₃ 截止，使施密特电路翻转，VT₄ 导通，VT₅ 截止，故 VT₆ 导通，则开关有信号输出。

接近开关的文字符号与行程开关相同，其图形符号如图 1-40 所示。

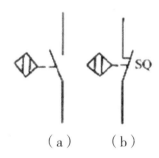

图 1-40　接近开关的符号

（a）动合触点；（b）动断触点

知识链接

行程开关的移动速度

直动式行程开关结构简单、成本较低，但其触点的分合速度要取决于撞块移动的速度，若撞块移动速度慢，不能瞬间切断电路，致使电弧停留时间过长会烧损触点。因此这种开关不宜用在撞块移动速度小于 0.4 m/min 的场合。

3.万能转换开关

万能转换开关是一种多挡位、多段式、控制多回路的主令电器。它主要用作控制线路的转换及电气测量仪表的转换，也可用于控制小容量异步电动机的启动、换向及变速。

万能转换开关主要由接触系统、操作手柄、转轴、凸轮机构、定位机构等部件组成，用螺栓组装成整体。当操作手柄转动时，带动开关内部的凸轮转动，从而使触头按规定顺序闭合或断开。常用的万能转换开关有 LW5、LW6 等系列。

图 1-41 为 LW6 系列万能转换开关中某一层的结构原理图。万能转换开关的各挡位通

断状况有两种表示法：图形表示法和列表表示法。图 1-42 是用图形表示法表示电路通断状况的一个举例，表示在零位时 1、3 两路接通，在左位时 1 路接通，在右位时 2 路接通。

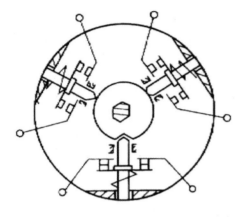

图 1-41　万能转换开关结构示意图

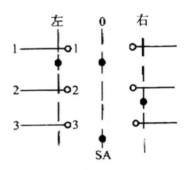

图 1-42　万能转换开关的符号

知识链接

　　当用万能转换开关来控制电动机时，要根据电动机接线圈来选择万能转换开关，并考虑开关额定电流。

练一练

　　1. 什么是低压电器？什么是低压控制电器？

　　2. 如何区分交流接触器和直流接触器？

　　3. 从外部特征上如何区分直流电磁机构与交流电磁机构？

　　4. 常用的熔断器有哪些？

　　5. 常用的电磁式继电器有哪些？

模块二
电气控制电路的基本环节

模块概述

　　各种生产机械的工艺过程不同，其控制电路也千差万别，但都遵循一定的原则和规则，都是由多个简单的基本环节组成。本模块将介绍电气控制电路的一些主要基本环节。

教学目标

　　了解电气控制电路的绘制。重点掌握三相异步电动机的启动、制动过程、电路保护以及相关的技术知识。

项目一　电气控制电路的绘制

　　电气控制系统是由许多电气元件按一定要求连接而成的。为了便于电气控制系统的设计、分析、安装、使用和维修，需要将电气控制系统中各电气元件相连接，用一定的图形表达出来，这种图形就是电气控制系统图。电气控制系统图有三类：电气原理图、电器元件布置图和电气安装接线图。

一、电气控制系统图中的图形、文字符号

　　电气控制系统图中，电气元件必须使用国家统一规定的图形符号和文字符号。采用国家最新标准，即《电气简图用图形符号》（GB/T4728.1 ～ 5–2018）和《电气技术中的文字符号制订通则》（GB 7159—87）。接线端子标记采用 GB/T 4026—2004《人机界面标志、标识的基本方法和安全规则设备端子和特定导体终端标识及字母数字系统的应用通则》，并按照 GB 6988 系列标准的要求来绘制电气控制系统图。

1. 图形符号

　　图形符号通常用于图样或其他文件，用以表示一个设备或概念的图形、标记或字符。电气控制系统图中的图形符号必须按国家标准绘制。

2. 文字符号

　　文字符号分为基本文字符号和辅助文字符号。文字符号适用于电气技术领域中技术文

件的编制，也可用在电气设备、装置和元件上或其近旁，以标明它们的名称、功能、状态和特征。

二、电气原理图

电气原理图是用来表示电路中各电器元件的导电部件的连接关系和工作原理，其作用是便于分析电路的工作原理，指导系统或设备的安装、调试与维修。为了便于阅读和分析控制线路，电气原理图应采用结构简单、层次清晰、易懂的原则来绘制。它包括所有电器元件的导电部件和接线端子，但并不按照电器元件的实际布置位置来绘制，也不反映电器元件的实际大小。

图 2-1 所示某机床电气原理图为例来说明电气原理图的画法和应注意的事项。

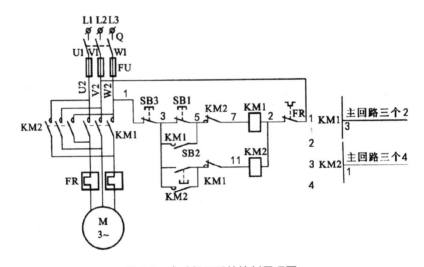

图 2-1　电动机正反转控制原理图

1. 绘制电气原理图时应遵循的原则

（1）所有电器元件都应采用国家统一规定的图形符号和文字符号表示。

（2）应根据便于阅读的原则安排电器元件的布局。主电路用粗实线绘制在图面左侧或上方，辅助电路用细实线绘制在图面右侧或下方。无论是主电路还是辅助电路，均按功能布置，尽可能按动作顺序从上到下、从左到右排列。

① 所有电器的可动部分都需按没有通电或未受外力作用时的自然状态画出。例如，继电器、接触器的触点（或触头）按吸引线圈不通电时的状态画出；控制器按手柄处于零位时的状态画出；按钮、行程开关等触点，按未受外力作用时的状态画出。

② 应尽量减少线条和避免线条交叉。有直接电联系的导线交叉时，在导线交叉点处画实心黑圆点；无直接电联系的导线交叉时，在导线交叉点处不画实心黑圆点。

③ 当同一电器元件的不同部件（如线圈、触点）分散在不同位置时，为了表示它们是同一元件，要在电器元件的不同部件处标注统一的文字符号。对于同类器件，要在其文字符号后加数字序号来区别。如两个接触器，可用 KM1、KM2 文字符号区别。

④ 根据图面布置需要，可以将图形符号旋转绘制。一般按逆时针方向旋转 90°，但文字符号不可倒置。

一般来说，原理图的绘制要求分明，各电器元件以及它们的触点安排要合理，以保证电气控制线路运行可靠，节省连接导线，便于施工，维修方便。

2. 主电路各接点的标记

电路采用字母、数字、符号及其组合标记。三相交流电源相线采用 L_1，L_2，L_3 标记，中性线采用 N 标记。电源开关之后的三相交流电源主电路分别按 U，V，W 顺序标记。分级三相交流电源主电路采用三相文字代号 U，V，W 的前边加上阿拉伯数字 1，2，3 等来标记，如 1U，1V，1W，2U，2V，2W 等。

各电动机分支电路各接点标记，采用三相文字代号后面加数字来表示，数字中的个位数表示电动机代号，十位数表示该支路各接点的代号，从上到下按数字大小顺序标记。如 U11 为电动机第一相的第一个接点代号，U12 为第一相的第二个接点代号，依此类推。电动机绕组首端分别用 U，V，W 标记，末端分别用 U'，V'，W' 标记，双绕组的中点用 U"，V"，W" 标记。

控制电路采用阿拉伯数字编号，一般由三位或三位以下的数字组成。标记方法按"等电位"原则进行。在垂直绘制的电路中，标号顺序一般由上而下编号，凡是被线圈、绕组、触点或电阻、电容元件所间隔的电路，都应标以不同的电路标记。

三、电气安装接线图

电气接线图主要用于表达各电器元件在设备中的具体位置分布情况，以及连接导线的走向。它为安装电气设备、电气元件之间进行配线及检修电气故障等提供了必要的依据。图 2-2 为笼型异步电动机正反转控制的安装接线图。

知识链接

绘制安装接线图应遵循的原则如下：

（1）各电气元件用规定的图形、文字符号绘制，同一电气元件各部件必须画在一起：各电气元件的位置，应与实际安装位置一致。

（2）不在同一控制柜或配电屏上的电气元件的电气连接必须通过端子板进行。各电气元件的文字符号及端子板的编号应与电气原理图一致，并按原理图的接线进行连接。

（3）走向相同的多根导线可用单线表示。

（4）画连接导线时，应标明导线的规格、型号、根数和穿线管的尺寸。

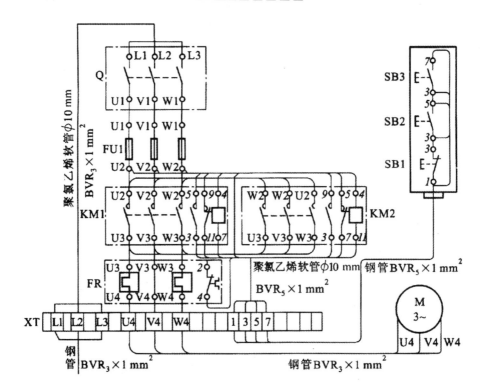

图 2-2 电动机正反转控制安装接线图

项目二 三相异步电动机的启动电路

三相笼型异步电动机简便、经济，而且拥有坚固耐用等一系列优点，因此应用广泛，它的控制电路大都由继电器、接触器和按钮等有触点电器组成。按照启动方式的不同可分为全压启动和降压启动。

一、三相笼型异步电动机全压启动控制电路

笼型异步电动机的全压启动（又称直接启动）就是把电源电压直接加到电动机的接线端。这种控制线路结构简单，成本低，启动力矩大，启动时间短，冲击电流可达额定电流的 5~7 倍。过大的启动电流会造成电网电压显著下降，直接影响同一电网中其他电动机的工作，甚至使它们停转或无法启动，仅适合于电动机不频繁启动，不可实现远距离的自动控制。采用直接启动的电动机容量一般小于 10 kW。

1．电动机的连续控制电路

图 2-3 为一种常用的由控制电动机单方向启动运转的电路。由刀开关 Q、熔断器 FU、交流接触器 KM 的主触点、热继电器 FR 的热元件与电动机 M 构成主电路。由启动按钮 SB1、停止按钮 SB2、接触器 KM 的动合辅助触点和线圈、热继电器 FR 的动断触点构成控制电路。

（1）电路的工作原理

启动时，合上 Q，引入三相电源。按下启动按钮 SB1，接触器 KM 线圈通电，接触器主触点闭合，电动机接通电源启动运转。同时与 SB1 并联的动合触点 KM 闭合，使接触器的线圈经两条路径通电。这样，当 SB1 复位时，接触器 KM 的线圈仍可通过 KM 辅助触点继续通电，从而保持

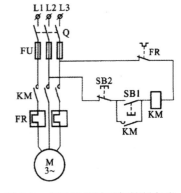

图 2-3 电动机连续运行控制电路

电动机的连续运行。这种依靠接触器自身的辅助触点而使其线圈保持通电的现象称为自锁（或自保）。这一对起自锁作用的辅助触点，则称为自锁触点。

要使电动机 M 停止运转，只要按下停止按钮 SB2，将控制电路断开即可。这时接触器 KM 断电释放，KM 的动合主触点将三相电源切断，电动机停止旋转。当手松开按钮后，SB2 的动断触点在复位弹簧的作用下，虽又恢复到原来的动断状态，但接触器线圈已不再能依靠自锁触点通电了，因为原来闭合的自锁触点已随着接触器的断电而断开。

（2）电路的保护环节

①熔断器 FU 作为短路保护，但不能实现过载保护。

②热继电器 FR 具有过载保护的作用。

③欠压保护与失压保护是依靠接触器本身的电磁机构来实现的。

2. 电动机的点动控制电路

图 2-4 列出了实现点动控制的几种控制电路。

图 2-4（a）为点动控制电路的最基本形式，按下 SB，KM 线圈通电，动合主触点闭合，电动机启动旋转，松开 SB，KM 断电，主触点断开，电动机停止运转。所以点动控制电路的最大特点是取消了自锁触点。

图 2-4（b）为采用开关 SA 断开自锁回路的点动控制电路。该电路可实现连续运转和点动控制，由开关 SA 选择，当 SA 合上时为连续控制；SA 断开时为点动控制。

图 2-4（c）为用点动按钮动断触点断开自锁回路的点动控制电路。SB2 为连续运转启动按钮，SB1 为连续运转停止按钮，SB3 为点动按钮。当按下 SB3 时，动断触点先将自锁回路切断，随后动合触点才闭合，使 KM 线圈通电，动合主触点闭合，电动机启动旋转；当松开 SB3 时，动合触点先断开，KM 线圈断电，动合主触点断开，电动机停转，而后 SB3 动断触点才闭合，但 KM 动合辅助触点已断开，KM 线圈无法通电，实现点动控制。

图 2-4（d）为采用中间继电器 KA 实现点动控制。按下启动按钮 SB3，KM 线圈通电，电动机 M 实现点动控制。按下启动按钮 SB2，中间继电器 KA 线圈通电并自锁，其动合触点闭合，KM 线圈通电，电动机 M 实现长动控制。此电路多了一个中间继电器，从而提高了工作的可靠性。

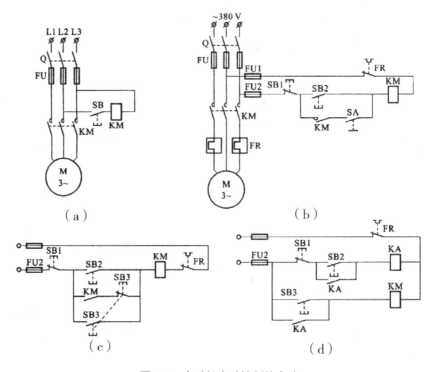

图 2-4　电动机点动控制的电路

3．多地启停控制

有些机械和生产设备，由于种种原因常需要在两地或两个以上的地点进行操作，因此需要多地控制。如重型龙门刨床，有时需要在固定的操作台上控制，有时需要站在机床四周用悬挂按钮控制。要实现多地控制，要求启动按钮并联、停止按钮串联。如图 2-5 所示的控制线路可实现两地控制，图中 SB3、SB4 为启动按钮，SB1、SB2 为停止按钮，分别安装在两个不同位置，在任一位置按下启动按钮，KM 线圈都能得电并自锁，电动机启动；而在任一位置按下停止按钮，KM 线圈都会失电，电动机停止。

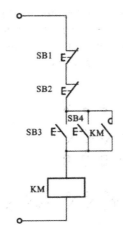

图 2-5　实现两地控制电路

4．顺序启停控制

生产实践中常要求多台电动机按一定的顺序启动和停止。例如，车床主轴转动时，要求油泵先给齿轮箱提供润滑油再启动，主轴停止后，油泵才停止润滑。即要求润滑油泵电动机先启动，主轴电动机后启动；主轴电动机先停止，润滑泵电动机后停止。如图 2-6 所示，M1 为润滑油泵电动机，M2 为主轴电动机。将控制油泵电动机的接触器 KM1 的常开辅助触点串入控制主轴电动机的接触器 KM2 的线圈电路中，这样只有在接触器 KM1 线圈得电，KM1 常开触点闭合时，才允许 KM2 得电，即可实现电动机 M1 先启动后才允许电动机 M2 启动。将控制主轴电动机的接触器 KM2 的常开辅助触点并联在电动机 M1 的停止按钮 SB1 两端，这样当接触器 KM2 通电，电动机 M2 运转时，SB1 被 KM2 的常开触点短接，不起作用，不能使 M1 停止；只有当接触器 KM2 断电，SB1 才能起作用，油泵电动机 M1 才能停止。从而可以实现顺序启动，顺序停止的联锁控制。

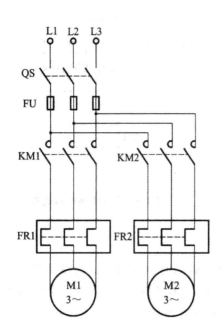

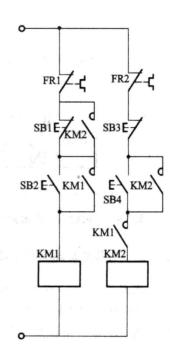

图 2-6　顺序启动控制电路

5.可逆旋转控制电路

由电动机的工作原理可知，改变电动机三相电源相序，就能改变电动机的转向。图 2-7 为按钮控制电动机正反转控制电路。

（1）手动按钮控制图 2-7（a）为由两组单相旋转控制电路组合而成，主电路由正反转接触器 KM1、KM2 的主触点来改变电源的相序，实现电动机的可逆旋转。当电动机已进行正转旋转后，又按下反转按钮 SB3 时，由于正反转接触器 KM1、KM2 线圈同时通电，其主触点闭合，将造成电源两相短路，将烧毁电源。为此，将 KM1、KM2 正反转接触器的动断触点串接在对方线圈电路中，形成相互制约的控制，如图 2-7（b）所示电路，从而避免发生电源短路的故障。

这种利用接触器动断辅助触点相互制约的控制，称为电气互锁。在这一电路中，欲使电动机由正转变反转或由反转变正转控制都必须先按下停止按钮 SB1，然后再进行正反转的启动控制。

图 2-7（c）是在图 2-7（b）的基础上增设了 SB2、SB3 的动断触点，构成按钮互锁电路，从而构成具有电气、按钮双重互锁的控制电路，此电路在正反转控制操作时，不需再按停止按钮，即可直接实现电动机正反转切换控制。

（2）自动循环控制通常情况下，自动往返是利用行程开关（光电开关）检测运动部件的相对位置，并发出正反向运动切换信号，这种控制称为行程控制。

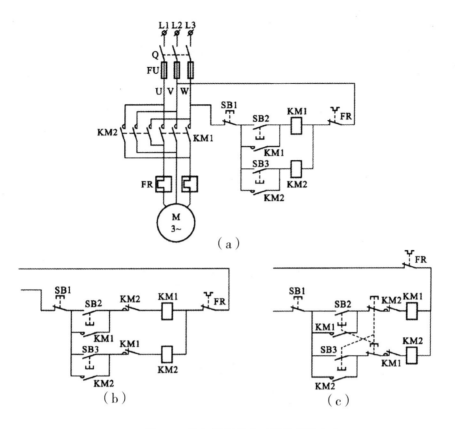

图 2-7　按钮控制的电动机正反转电路

图 2-8（a）为机床工作台往复运动示意图。行程开关 SQ1、SQ2 固定在床身上，其中，SQ1 为反向转正向行程开关并反映加工起点位置，SQ2 为正向转反向行程开关并反映加工终点位置，SQ4、SQ3 为正反向极限保护开关。撞块 A、B 固定在工作台上，随着运动部件的移动分别压下行程开关时，发出切换信号，使电动机正反向运转。

图 2-8（b）为自动循环的正反向控制电路，其工作过程是：合上电源开关 Q，按下正向启动按钮 SB2，正向接触器线圈 KM1 通电并自锁，电动机 M 正转，工作台前进。当前进到位，挡块 B 压下 SQ2，其动断触点断开，KM1 断电，SQ2 动合触点闭合，使反向接触器线圈 KM2 通电，M 反转，工作台后退。当后退到位时，挡块 A 压下 SQ1，KM2 断电，SQ1 动合触点闭合，又使 KM1 通电，M 正转，如此周而复始地自动往返工作。当按下停止按钮 SB1 时，电动机停止旋转。若换向用行程开关 SQ1、SQ2 失灵，则由限位开关 SQ3、SQ4 的动断触点切断电路电源，防止工作台因超出极限位置而发生事故。

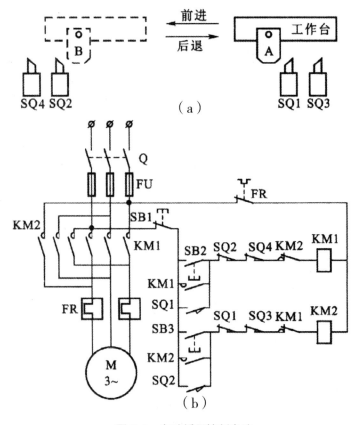

图 2-8　自动循环控制电路

（a）工作台往复循环示意图；（b）自动循环控制电路

二、三相异步电动机减压启动控制电路

降压启动是指利用启动设备将电压适当降低后加到电动机的定子绕组上进行启动，待电动机启动运转后，再使其电压恢复到额定值正常运行。降压启动可以减小启动电流，但启动转矩也因此减小（因为电动机的转矩和电压的平方成正比），所以降压启动多用于鼠笼式电动机的空载或轻载启动。降压启动方法有四种：

1.Y－△减压启动控制

星形－三角形（Y－△）减压启动是指电动机启动时，把定子绕组接成星形，以降低启动电压，减小启动电流；待电动机启动后，转速上升至接近额定转速时，再把定子绕组改接成三角形，使电动机全压运行。Y－△启动适合正常运行时为△形接法的三相笼型异步电动机轻载启动的场合，其特点是启动转矩小，仅为额定值的1/3，转矩特性差（启动转矩下降为原来的1/3）。图2-9为时间继电器自动切换的Y－△降压启动电路。

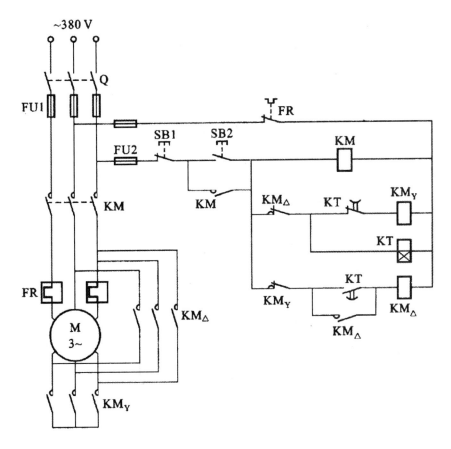

图 2-9　Y-△减压启动控制电路

　　其工作过程是：合上电源开关 Q，按下启动按钮 SB2，KM 线圈通电并自锁，其主触点闭合，M 接通电源。同时 KM_Y 线圈与 KT 时间继电器线圈通电，电动机按 Y 形连接启动。当时间继电器 KT 延时时间到，其动断延时触点断开，KM_Y 断电，动合延时触点闭合，使 $KM_△$ 通电并自锁，电动机 M 按△形连接运行。图中 KM_Y、$KM_△$ 动断辅助触点构成电气互锁，防止主电路电源短路。

2．自耦变压器减压启动控制

　　在自耦变压器降压启动控制线路中，电动机启动电流的限制是靠自耦变压器降压来实现的。线路的设计思想和串电阻启动线路基本相同，也是采用时间继电器完成电动机由启动到正常运行的自动切换，所不同的是启动时串接自耦变压器，启动结束时自动将其切除。图 2-10 为自耦变压器减压启动控制电路。

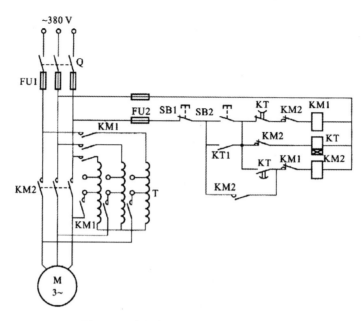

图 2-10　自耦变压器减压启动控制电路

　　启动过程是：合上电源开关 Q，按下启动按钮 SB2，KM1 线圈通电，主触点闭合，电动机定子串自耦变压器减压启动。同时 KT 线圈通电延时，当 M 运行达到 KT 整定时间，其动断延时触点先断开，KM1 线圈断电，自耦变压器 T 被切除，KT 的动合延时触点后闭合且 KM1 动断辅助触点复位时，KM2 线圈通电并自锁，KM2 主触点闭合，电动机 M 全压运行。

知识链接▶

自耦减压

　　自耦减压启动时，电动机的启动电流一般不超过额定电流的 3 ~ 4 倍，最大启动时间不超过 2 min. 若超过 2 min，按照产品规定应冷却 4 h 后方能再启动。

3. 延边三角形减压启动控制

　　这里在 Y－△启动方式基础上加以改进的一种启动方式。电动机启动时，定子绕组一部分接成三角形，一部分接成星形，以减小启动电流，启动后接成三角形。从图形上看，好像是三角形的三条边延长了，故得名延边三角形。绕组连接情况如图 2-11 所示。

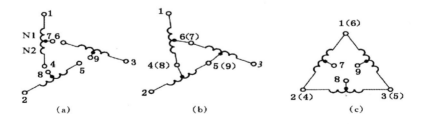

图 2-11　延边三角形－三角形绕组连接

如图 2-12 所示，启动时将电动机定子绕组的一部分连接成星形（接点 1-7、2-8 和 3-9），而另一部分连接成三角形（接点 7-4、8-5 和 9-6）。启动结束后，再换成三角形连接，投入全压运行。

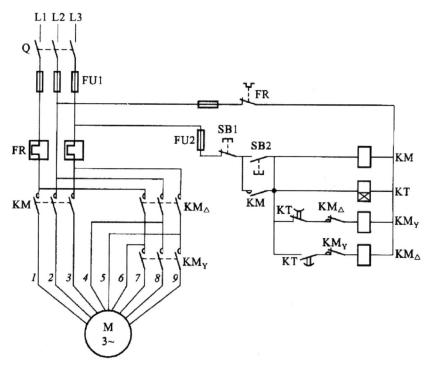

图 2-12 延边三角形减压启动控制电路

启动过程是：合上电源开关 Q，按下启动按钮 SB2，接触器 KM 线圈通电并自锁，KM 主触点闭合，定子绕组接点 1、2、3 接通电源。同时时间继电器 KT 线圈通电进行延时；接触器 KMᵧ 线圈通电，KMᵧ 主触点闭合，绕组接点 4-8、5-9、6-7 连接使电动机成延边三角形启动。当时间继电器延时时间到，KT 延时打开动断触点断开，使接触器 KMᵧ 线圈断电;KT 延时闭合动合触点闭合，接触器 KM△ 线圈通电，主触点闭合，绕组接点 1-6、2-4、3-5 连接成三角形投入运行。

4.定子绕组串电阻减压启动

电动机启动时，在三相定子电路中串入电阻，使加在电动机绕组上的电压低于电网电压，待启动后，再将电阻短路，电动机在额定电压下正常运行。此种方法适应于低压电动机。图 2-13 为串电阻减压启动控制电路，它按时间原则控制各电气元件的先后顺序动作。

其启动过程是：合上电源开关 Q，按下启动按钮 SB1，接触器 KM1 和时间继电器 KT 线圈通电，电动机 M 串电阻启动。当时间继电器 KT 延时到，其动合延时触点闭合，KM2 线圈通电并自锁，KM2 动断辅助触点断开使 KM1、KT 线圈先后断电，电动机 M 全压运行。

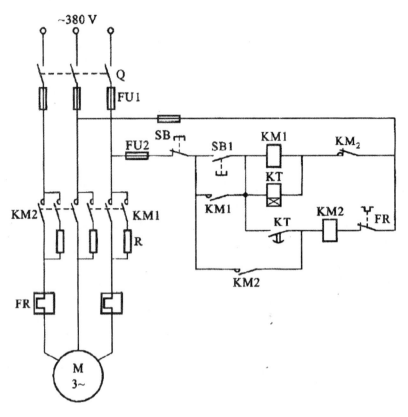

图 2-13　串电阻减压启动控制电路

项目三 三相异步电动机的制动控制

由于惯性，三相异步电动机从切断电源到完全停止旋转，总要经过一段时间。但在实际工业生产中，很多生产机械在运行过程中要求安全和定位准确，以及为了提高劳动生产率，都需要电动机能迅速停车，所以要求对电动机进行制动控制。制动的方式主要有机械制动和电气制动两种。机械制动是利用电磁铁或液压操纵机械抱闸机构，使电动机快速停转的方法。电气制动实质上是使电动机产生一个与原转子的转动方向相反的制动转矩。常用的电气制动有反接制动、能耗制动和电容制动等。

一、反接制动控制

反接制动是指电动机在正常运行时，突然改变电源相序，使定子绕组产生相反方向的旋转磁场，从而产生制动转矩的一种制动方法。此时电动机的状态将由原来的电动状态转变为制动状态，这种制动方式就是电源相序反接制动。图2-14为电动机单向旋转反接制动控制电路，KM1为单向旋转接触器，KM2为反接制动接触器，KS为速度继电器，R为反接制动电阻。

其工作过程是：合上电源开关Q，按下启动按钮SB2，KM1线圈通电并自锁，电动机M启动运转，当转速升高后，速度继电器的动合触点KS闭合，为反接制动做准备。停车时，按下停止复合按钮SB1，KM1线圈断电，同时KM2线圈通电并自锁，电动机反接制动，当电动机转速迅速降低到接近零时，速度继电器KS的动合触点断开，KM2线圈断电，制动结束。

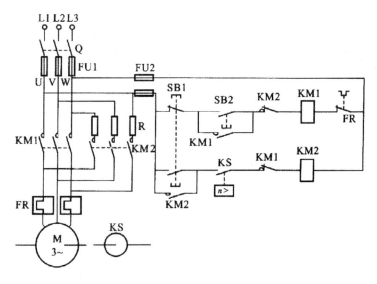

图2-14 反接制动控制电路

反接制动时，由于制动电流很大，因此制动效果显著，但在制动过程中有机械冲击，故适用于不频繁制动、电动机容量不大的设备，如铣床、镗床和中型车床的主轴制动。

二、能耗制动控制

所谓能耗制动，就是指电动机切断交流电源的同时给定子绕组的任意二加一直流电压，以产生静止磁场，依靠转子的惯性转动切割该静止磁场产生制动力矩的方法。图 2-15 为能耗制动控制电路。能耗制动的效果与通入直流电流的大小和电动机转速有关，在同样的转速下电流越大，其制动时间越短。

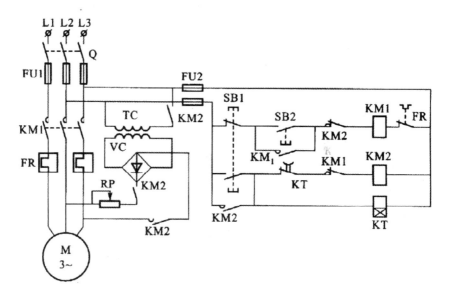

图 2-15　能耗制动控制电路

其工作过程是：合上电源开关 Q，按下启动按钮 SB2，KM1 线圈通电并自锁，电动机 M 启动运行。当需要停车时，按下停止按钮 SB1，KM1 线圈断电，切断电动机电源；同时 KM2、KT 线圈同时通电并自锁，将两相定子接入直流电源进行能耗制动。转速迅速下降，当接近零时，KT 延时到，其延时动断触点动作，使 KM2、KT 先后断电，制动结束。

能耗制动平稳、准确，能量消耗小，但需附加直流电源装置，设备投资较高，制动力较弱，在低速时制动力矩小。

项目四　电气控制电路的保护

电气控制系统除了要能满足生产机械加工工艺的要求外，还应保证设备长期安全、可靠、无故障地运行，因此保护环节是所有电气控制系统不可缺少的组成部分，用来保护电动机、电网、电气控制设备及人身安全。电气控制系统中常用的保护环节有短路保护、过载保护、零电压及欠电压保护和弱磁保护等。

一、短路保护

电动机、电器的绝缘、导线的绝缘损坏或电路发生故障时，都可能造成短路事故，使电器设备损坏或发生更严重的后果，因此要求一旦发生短路故障时，控制电路能迅速地切除电源的保护称为短路保护。常用的短路保护元件有熔断器和断路器等。

二、过载保护

过载保护是电流保护，如果超过额定电流时采取断路保护。常用的过载保护元件是热继电器。由于热惯性的原因，热继电器不会受电动机短时过载冲击电流或短路电流的影响而瞬时动作，所以在使用热继电器作过载保护的同时，还必须有短路保护。作短路保护的熔断器熔体的额定电流不能大于 4 倍热继电器发热元件的额定电流。

三、过电流保护

过电流是指电动机或电器元件超过其额定电流的运行状态，其电流值一般比短路电流小，不超过 6 倍额定电流。在过电流情况下，电器元件不会马上损坏，只要在达到最大允许温升之前，电流值能恢复正常，这是允许的。但过大的冲击负载，使电动机流过过大的冲击电流，以致损坏电动机。同时过大的电动机电磁转矩也会使机械的传动部件受到损坏，因此要瞬时切断电源。

四、零电压及欠电压保护

在电动机运行中，当电源电压（因某种原因）消失后重新恢复时，如果电动机自行启动，将会损坏生产设备，也可能造成人身事故。对供电系统的电网，同时有许多电动机及其他用电设备自行启动也会引起不允许的过电流及瞬间网络电压下降。为了防止电网失电后恢复供电时电动机自行启动的保护叫做零压保护。

在电动机运行中，电源电压过低时，如果电动机负载不变，则会造成电动机电流增大，引起电动机发热，甚至烧坏电动机。还会引起电动机转速下降，甚至停转。因此，在电源电压降到允许值以下时，需要采取保护措施，及时切断电源，这就是欠电压保护。通常采用欠电压继电器，或设置专门的零电压继电器来实现。图 2-16 中的中间继电器 KA 就是起零压保护作用的,欠电压继电器 KV 起欠电压的保护作用。

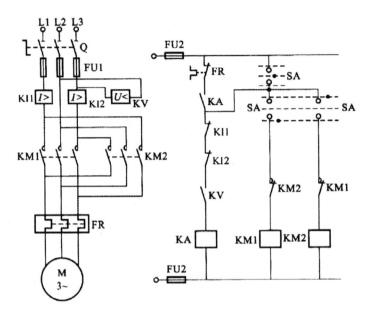

图 2-16　电气控制电路常用保护环节

图中各电气元件所起的保护作用分别是:

· 短路保护——熔断器 FU1 和 FU2;

· 过载保护——热继电器 FR;

· 过电流保护——过电流继电器 K11、K12;

· 零压保护——中间继电器 KA;

· 欠电压保护——欠电压继电器 KV;

· 连锁保护——通过 KM1 和 KM2 互锁点实现。

图 2-16 所示电气控制电路常用保护环节的集中体现,当然,有时并不一定这些保护环节全部需要,但短路保护、过载保护和零压保护一般是不可缺少的。

五、弱磁保护

直流电动机在磁场有一定强度下才能启动,如果磁场太弱,电动机的启动电流就会很大;直流电动机正在运行时磁场突然减弱或消失,电动机转速就会迅速升高,甚至发生"飞车"。因此需要采取弱磁保护,弱磁保护是通过电动机励磁回路串入欠电流继电器来实现的。在电动机运行中,如果励磁电流消失或降低太多,欠电流继电器就会释放,其触点切断主回路接触器线圈的电源,使电动机断电停车。

练一练

1.三相笼型异步电动机允许采用直接启动的容量大小是如何决定的?

2.三相交流异步电动机反接制动和能耗制动各有何特点?

3. 图 2-17 中的电路有什么错误？工作时会出现什么现象？应如何改正？

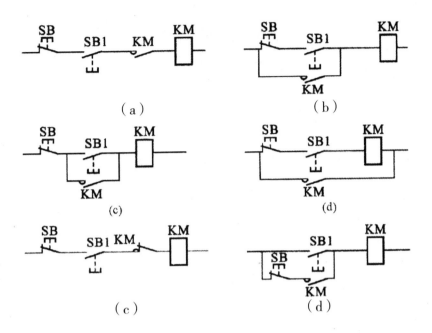

图 2-17

模块三

PLC 基本概况

模块概述

　　本模块主要介绍了可编程逻辑控制器的发展概况、组成、工作原理、分类以及一些常用PLC的应用。

教学目标

　　了解可编程逻辑控制器的发展历史。知道PLC的组成和分类。结合实例重点掌握PLC的编程和工作原理。

项目一　PLC 概述

一、可编程序控制器的定义及发展史

1. 可编程序控制器的定义

　　国际电工委员会（IEC）在1989年对可编程控制器做了如下定义：可编程控制器是一种用数字运算操作的电子系统，是专为工业环境下应用设计的。它采用可编程的存储器，在其内部存储和执行逻辑运算、顺序控制、定时、计数和算术运算等操作的指令，并通过数字式和模拟式的输入和输出，控制各种类型的机械或生产过程。可编程控制器及其有关外部设备都按易于与工业控制系统集成，易于扩充其功能的原则设计。

　　事实上，可编程控制器是以嵌入式CPU为核心，配以输入/输出模块，结合计算机（computer）技术、自动化（control）技术和通信（communication）技术（简称3C技术）的高度集成化的新型工业控制装置。

2. 可编程序控制器的发展史

　　世界上公认的第一台PLC是1969年美国数字设备公司（DEC）研制的。限于当时的元器件条件及计算机发展水平，早期的PLC主要由分立元件和中小规模集成电路组成，可以完成简单的逻辑控制及定时、计数功能。20世纪70年代初出现了微处理器。人们很快将其引入可编程控制器，使PLC增加了运算、数据传送及处理等功能，完成了真正具有计算机特征的工业控制装置。为了方便熟悉继电器、接触器系统的工程技术人员使用，可编程控制器采用和继电器电路图类似的梯形图作为主要编程语言，并将参加运算及处理的计算机存储元件都以继电器命名。此时的 PLC 为微机技术和继电器常规控制概念相结合的产物。

20 世纪 70 年代末期，随着微处理器技术的快速发展，计算机技术的全面引入，使 PLC 的功能大大增强。在原有的逻辑运算、计时、计数等功能基础上，增加了算术运算、数据处理、传送、通信、自诊断以及模拟量运算、PID 等功能，从而使 PLC 进入实用化发展阶段。

随着大规模和超大规模集成电路技术的迅速发展，高性能微处理器在 PLC 中大量使用，使得各种类型的 PLC 的微处理器的档次普遍提高，性能也大为增强。各制造厂商还纷纷研制开发了专用逻辑处理芯片，使它在模拟量控制、数字运算、人机接口和网络等方面的能力都得到大幅度提高，这一阶段的 PLC 逐渐进入过程控制领域，在某些方面取代了过程控制领域处于统治地位的 DCS（Distributed Control System），奠定了在工业控制中不可动摇的地位。

20 世纪末期，集成电路技术和微处理器技术继续迅猛发展，多处理器的使用，开发出各种各样的智能模块，生产了各种人机界面单元、通信单元，使应用可编程控制器的工业控制设备的配套更加容易。此外，随着计算机技术和网络通信技术的迅速发展，PLC 通过以太网与上位计算机联网，实现 PLC 远程通信等，PLC 技术得到更加广泛的使用。

自从 1969 年美国第一台 PLC 问世以来，日本、法国、英国等国也相继研制了各自的 PLC，每个国家的产品各具特色。目前世界上著名的 PLC 厂家主要有美国的 A-B（Allen-Bradley）、GE（General Electric），日本的三菱电机（Mitsubshi Electric）、欧姆龙（OMRON），德国的 AEG、西门子（Siemens），法国的 TE（Telemecanique）等公司。

我国可编程控制器的引进、应用、研制、生产是伴随着改革开放开始的。最初是在引进设备中大量使用了可编程控制器。接下来在各种企业的生产设备及产品中不断扩大了 PLC 的应用。目前，我国也可以生产中小型可编程控制器。上海东屋电气有限公司生产的 CF 系列、杭州机床电器厂生产的 DKK 及 D 系列、大连组合机床研究所生产的 S 系列、苏州电子计算机厂生产的 YZ 系列等多种产品已具备了一定的规模并在工业产品中获得了应用。此外，无锡华光公司、上海乡岛公司等中外合资企业也是我国比较著名的 PLC 生产厂家。可以预期，随着我国现代化进程的深入，PLC 在我国将有更广阔的应用天地。

各代 PLC 的不同特点见表 3-1。

表 3-1　各代 PLC 的特点与应用范围

年份	功能特点	应用范围
第一代 1969—1972	逻辑运算、定时、计数、中小规模集成电路 CPU，磁芯存储器	取代继电器控制
第二代 1973—1975	增加算术运算、数据处理功能，初步形成系列。可靠性进一步提高	能同时完成逻辑控制，模拟量控制

年份	功能特点	应用范围
第三代 1976—1983	增加复杂数值运算和数据处理，远程 I/O 和通信功能，采用大规模集成电路，微处理器，加强自诊断、容错技术	适应大型复杂控制系统控制需要并用于联网、通信、监控等场合
第四代 1983 至今	高速大容量多功能，采用 32 位微处理器，编程语言多样化，通信能力进一步完善，智能化功能模块齐全	构成分级网络控制系统，实现图像动态过程监控，模拟网络资源共享

二、可编程序控制器的特点及基本功能

1. 可编程序控制器的特点

（1）可靠性高，抗干扰能力强。传统的继电器控制系统中使用了大量的中间继电器、时间继电器。由于触点接触不良，容易出现故障。PLC 用软件代替大量的中间继电器和时间继电器，仅剩下与输入和输出有关的少量硬件，接线可减少到继电器控制系统的 1/10~1/100，因触点接触不良造成的故障大为减少。

（2）编程简单，易于掌握。目前，大多数 PLC 仍采用继电控制形式的"梯形图编程方式"。既继承了传统控制线路的清晰直观，又考虑到大多数工厂企业电气技术人员的读图习惯及编程水平，所以非常容易接受和掌握。梯形图语言的编程元件的符号和表达方式与继电器控制电路原理图相当接近。通过阅读 PLC 的用户手册或短期培训，电气技术人员和技术工很快就能学会用梯形图编制控制程序。同时还提供了功能图、语句表等编程语言。

PLC 在执行梯形图程序时，用解释程序将它翻译成汇编语言然后再执行（PLC 内部增加了解释程序）。与直接执行汇编语言编写的用户程序相比，执行梯形图程序的时间要长一些，但对于大多数机电控制设备来说，是微不足道的，完全可以满足控制要求。

（3）通用性强，控制程序可变，使用方便。PLC 品种多，档次高。同一台 PLC 可适用于不同的控制对象或同一对象的不同控制要求，同一档次，不同机型的功能也能方便地相互转换。

（4）功能强，适应面广。现代 PLC 不仅有逻辑运算、计时、计数、顺序控制等功能，还具有数字和模拟量的输入输出、功率驱动、通信、人机对话、自检、记录显示等功能。既可控制一台生产机械、一条生产线，又可控制一个生产过程。

（5）系统的设计、安装、调试工作量小，维护方便，容易改造 PLC 的梯形图程序一般采用顺序控制设计法。这种编程方法很有规律，很容易掌握。对于复杂的控制系统，梯形图的设计时间比设计继电器系统电路图的时间要少得多。PLC 用存储逻辑代替接线逻辑，大大减少了控制设备外部的接线，使控制系统设计及建造的周期大为缩短，同时维护也变得容易起来。更重要的是可能使同一设备经过改变程序改变生产过程。这很适合多品种、小批量的生产场合。

（6）体积小，重量轻，消耗低，维护方便。能耗低以超小型 PLC 为例，新出产的品种底部尺寸小于 100 mm，仅相当于几个继电器的大小，因此可将开关柜的体积缩小到原来的

1/2~1/10。它的质量小于 150 g，功耗仅数瓦。由于体积小很容易装入机械内部，是实现机电一体化的理想控制设备。

2.PLC 的基本功能

（1）逻辑控制 PLC 具有逻辑运算功能。可以代替继电器进行组合逻辑与顺序逻辑控制。

（2）计数控制 PLC 具有计数功能。它为用户提供了若干个计数器并设置了计数指令。计数值可由用户在编程时设定，并可在运行中被读出与修改，使用与操作都很灵活方便。

（3）定时控制 PLC 具有定时控制功能。它为用户提供了若干个定时器并设置了定时指令。定时值可由用户在编程时设定，并能在运行中被读出与修改，使用灵活，操作方便。

（4）步进控制 PLC 能完成步进控制功能。PLC 为用户提供了若干个移位寄存器，或者直接有步进指令，可用于步进控制，编程与使用很方便。

（5）数据处理。一般可编程控制器都设有四则运算指令，可以很方便地对生产过程中的资料进行处理。用 PLC 可以构成监控系统，进行数据采集和处理、控制生产过程。较高档次的可编程控制器都有位置控制模块，用于控制步进电动机，实现对各种机械的位置控制。

（6）A/D、D/A 转换有些 PLC 还具有"模数"转换（A/D）和"数模"转换（D/A）功能，能完成对模拟量的控制与调节。

（7）监控控制 PLC 具有较强的监控功能。在控制系统中，操作人员通过监控命令可以监视有关部分的运行状态，可以调整定时或计数设定值，因而调试、使用和维护都很方便。

（8）通信与联网。某些控制系统需要多台 PLC 连接起来使用或者由一台计算机与多台 PLC 组成分布式控制系统。可编程控制器的通信模块可以满足这些通信联网要求。

三、PLC 的应用领域和发展趋势

目前，PLC 在国内外已广泛应用于钢铁、石油、化工、电力、建材、机械制造、汽车、轻纺、交通运输、环保及文化娱乐等各个行业。利用 PLC 最基本的逻辑运算、定时、计数等功能进行逻辑控制，可以取代传统的继电器控制系统，广泛用于机床、印刷机、装配生产线、电镀流水线及电梯的控制等。

作为工业控制计算机，PLC 能编制各种各样的控制算法程序，完成闭环控制。在冶金、化工、热处理、锅炉控制等场合有非常广泛的应用。

随着计算机控制的发展，工厂自动化网络发展得很快，各 PLC 厂商都十分重视 PLC 的通信功能，纷纷推出各自的网络系统。新近生产的 PLC 都具有通信接口，通信非常方便。

随着应用领域日益扩大，PLC 技术及其产品仍在继续发展。主要朝着高速化、大容量化、智能化、网络化、标准化、系列化、小型化、廉价化方向发展，使 PLC 的功能更强，可靠性更高，使用更方便，适用面更广。

项目二　PLC 的基本组成

一、PLC 的硬件结构

PLC 的硬件组成与微型计算机相似，其主机由 CPU 板、存储器、输入 / 输出（I/O）接口、电源等几大部分组成；可配备如编程器、图形显示器、通信接口等外部设备。基本结构如图 3-1 所示。

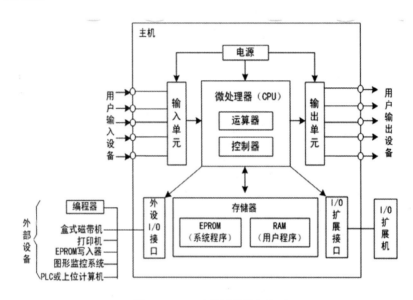

图 3-1　PLC 硬件结构简化框图

1. 主机

主机即 PLC 本体，是以 CPU 为核心的一台专用计算机。其主要构成如下：

（1）CPU。也称中央处理器，是由一片或几片大规模集成电路芯片组成的，相当于人的大脑，是 PLC 的核心部分；CPU 的作用是可通过接口及软件向系统的各个部分发出各种命令，同时对被测参数进行巡回检测、数据处理、控制运算、报警处理及逻辑判断等，实现对整个 PLC 的工作过程进行控制；目前大多数小型 PLC 都用 8 位或者 16 位单片机作 CPU。

（2）存储器。是具有记忆功能的半导体电路。分为系统程序存储器和用户存储器。

系统程序存储器用以存放系统程序，包括管理程序，监控程序以及对用户程序做编译处理的解释编译程序。由只读存储器、ROM 组成。厂家使用的，内容不可更改，断电不消失。

用户存储器：分为用户程序存储区和工作数据存储区。由随机存取存储器（RAM）组成。

用户使用的，断电内容消失。常用高效的锂电池作为后备电源，寿命一般为 3~5 年。

（3）输入 / 输出单元（I/O 单元）I/O 接口是输入（INPUT）/ 输出（OUTPUT）接口的简称，是 PLC 主机与被控对象进行信息交换的纽带；PLC 通过 I/O 接口与外部设备进行数据交换，PLC 的输入输出信号有开关量、模拟量、数字量三种类型，所有的输入输出信号均经过光电等隔离，大大增强了 PLC 的抗干扰能力。

如图 3-2 为直流 24 V 输入接口电路原理图，PLC 内部提供直流电源。当输入开关接通时，光耦合器导通，由装在 PLC 面板上的发光二极管（LED）来显示某一输入端口（图中只画了一个端口）有信号输入。

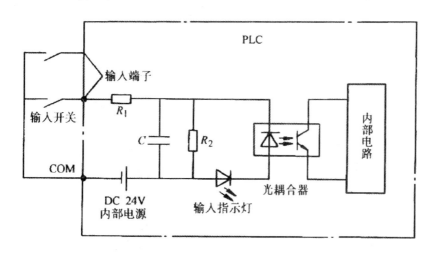

图 3-2　直流 24 V 输入接口电路

图 3-3 为交 / 直流输入接口电路原理图。其内部电路结构与直流输入接口电路基本相同，不同之处在交、直流电源外接。

图 3-4 为交流输入接口电路原理图，交流电源外接。

输入信号均通过输入端子经 RC 滤波，光电隔离进入内部电路，提高了 PLC 的抗干扰能力。

常见的输出形式有继电器输出、晶闸管（SSR）输出、晶体管输出。三种输出方式的接口电路原理图，如图 3-5、图 3-6 与图 3-7 所示。

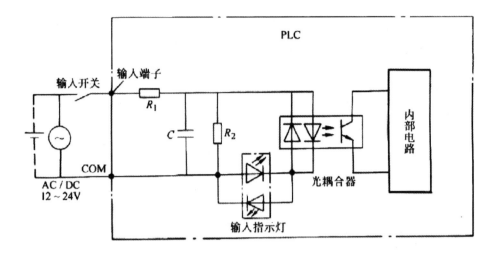

图 3-3 交流 / 直流输入接口电路

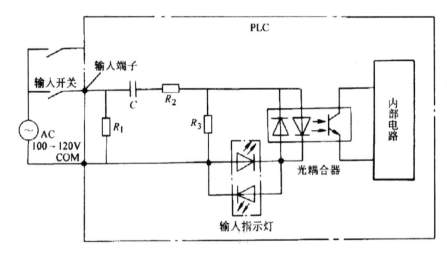

图 3-4 交流输入接口电路

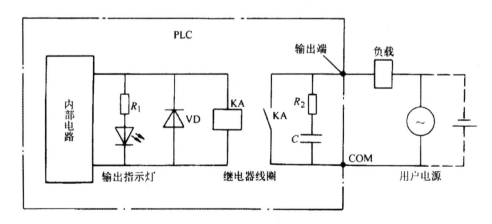

图 3-5 继电器输出接口电路

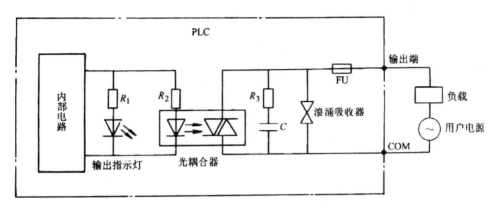

图 3-6 晶闸管输出接口电路

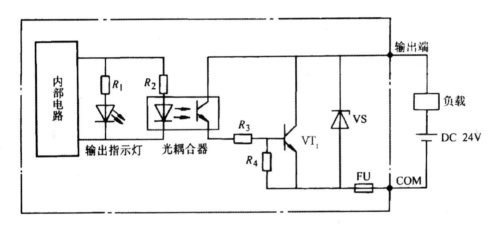

图 3-7 晶体管输出接口电路

2．编程器和其他外围设备

（1）编程器主要由键盘、显示器、工作方式选择开关和外存储器接插口等部件组成。编程器的作用是用来编写、输入、调试用户程序，也可在线监视 PLC 的工作状况。随着 PLC 通信能力的增强，现在也可在个人计算机上添加适当的硬件接口，利用生产厂家提供的编程软件包就可将计算机作为编程器使用，而且还可在计算机实现模拟调用。

（2）其他外围设备根据系统软件控制需要，PLC 还可以通过自身的专用通信接口连接一些其他外围设备，例如：盒式磁带机、EPROM 写入器、打印机、图形监控器等。

3．I/O 扩展机

每种 PLC 都有与主机相配的扩展模块，用来扩展输入、输出点数，以便根据控制要求灵活组合系统。PLC 扩展模块内不设 CPU，仅对 I/O 通道进行扩展，不能脱离主机独立实现系统的控制要求。

4．电源

PLC 一般使用 220 V 单相交流电源，对于小型整体式可编程控制器内部有一个开关稳压电源，此电源一方面可为CPU，I/O单元及扩展单元提供直流5 V工作电源，另一方面可为外部输入元件提供直流24 V电源。模块式PLC通常采用单独的电源模块供电。

二、PLC的软件系统

PLC的软件系统由系统程序和用户程序组成。

1. 系统程序

系统程序包括监控程序、编译程序及诊断程序等。监控程序又称为管理程序，主要用于管理全机。编译程序用来把程序语言翻译成机器语言。诊断程序用来诊断机器故障。系统程序由PLC生产厂家提供，并固化在EPROM中，用户不能直接存取，故也不需要用户干预。

2. 用户程序

PLC的用户程序是用户利用PLC的编程语言，根据控制要求编制的程序。在PLC的应用中，最重要的是用PLC的编程语言来编写用户程序，以实现控制目的。由于PLC是专门为工业控制而开发的装置，其主要使用者是广大电气技术人员，为了满足他们的传统习惯和掌握能力，PLC的主要编程语言采用比计算机语言相对简单、易懂、形象的专用语言。

PLC编程语言是多种多样的，对于不同生产厂家、不同系列的PLC产品采用的编程语言的表达方式也不相同，但基本上可归纳两种类型：一是采用字符表达方式的编程语言，如语句表等；二是采用图形符号表达方式的编程语言，如梯形图等。

以下简要介绍几种常见的PLC编程语言。

（1）梯形图。梯形图语言是在传统电器控制系统中常用的接触器、继电器等图形表达符号的基础上演变而来的。如图3-8（a）所示，它继承了传统电器控制逻辑中使用的框架结构、逻辑运算方式和输入输出形式，具有形象、直观、实用的特点，是PLC的第一编程语言，如图3-8（b）所示。

（2）语句表。这种编程语言是一种与汇编语言类似的助记符编程表达方式。在PLC应用中，经常采用简易编程器，而这种编程器中没有CRT屏幕显示，或没有较大的液晶屏幕显示。因此，就用一系列PLC操作命令组成的语句表将梯形图描述出来，再通过简易编程器输入到PLC中。虽然各个PLC生产厂家的语句表形式不尽相同，但基本功能相差无几。如图3-8（c）所示。

（3）逻辑图。逻辑图包括与（AND）、或（OR）、非（NOT）以及定时器、计数器、触发器等，如图3-8（d）所示。

（4）功能表图。功能表图语言（SFC语言）是一种较新的编程方法，又称状态转移图语言。它将一个完整的控制过程分为若干阶段，各阶段具有不同的动作，阶段间有一定的转换条件，转换条件满足就实现阶段转移，上一阶段动作结束，下一阶段动作开始。是用功能表图的方式来表达一个控制过程，对于顺序控制系统特别适用。

（5）高级语言。随着软件技术的发展，近来为了增加PLC的运算功能和数据处理能力，方便用户，许多大中型 PLC 已采用高级语言来编程，如 BASIC、C 语言等。

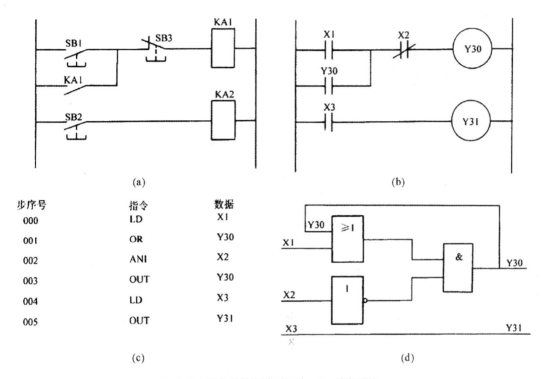

(a)　　　　　　　　　　　　　　(b)

步序号	指令	数据
000	LD	X1
001	OR	Y30
002	ANI	X2
003	OUT	Y30
004	LD	X3
005	OUT	Y31

(c)　　　　　　　　　　　　　　(d)

图 3-8　继电器控制电路图与 PLC 编程语言

(a) 继电器控制电路图；(b) PLC 梯形图；(c) 语句表；(d) 逻辑图

项目三　PLC 的基本工作原理

一、扫描工作方式

当 PLC 运行时，是通过执行反映控制要求的用户程序来完成控制任务的，需要执行众多的操作，但 CPU 不能同时去执行多个操作，它只能按分时操作（串行工作）方式，每一次执行一个操作，按顺序逐个执行。由于 CPU 执行的速度很快，所以从宏观上看，PLC 外部出现的结果似乎是同时（并行）完成的。这种串行工作过程称为 PLC 的扫描工作方式。

PLC 的工作方式是一个不断循环的顺序扫描工作方式，每一次扫描所用的时间称为扫描周期。CPU 从第一条指令开始，按顺序逐条地执行用户程序直到结束，然后返回第一条指令开始新的一轮扫描。PLC 就是这样周而复始地重复上述循环扫描工作的。继电接触器控制系统采用的是并行工作方式。图 3-9 为 PLC 工作过程框图。

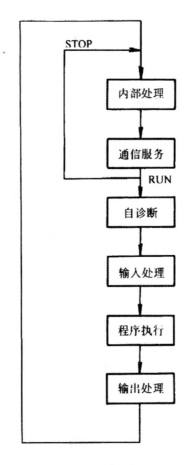

图 3-9　PLC 工作过程框图

在执行用户程序前，PLC 还应完成内部处理、通信服务与自诊检查。在内部处理阶段，PLC 检查 CPU 模块内部硬件是否正常，监视定时器复位以及完成其他一些内部处理。在通信服务阶段，PLC 应完成与一些带处理器的智能模块或与其他外设的通信，完成数据的接收和发送任务、响应编程器键入命令、更新编程器显示内容、更新时钟和特殊寄存器内容等工作。PLC 具有很强的自诊断功能，如电源检测、内部硬件是否正常、程序语法是否有错等，一旦有错或异常则 CPU 能根据错误类型和程度发出提示信号，甚至进行相应的出错处理，使 PLC 停止扫描或强制变成 STOP 方式。

当 PLC 处于停止（STOP）状态时，只完成内部处理和通信服务工作。当 PLC 处于运行状态时，除完成内部处理和通信服务的操作外，还要完成输入处理、程序执行、输出处理工作。

二、PLC 执行程序的过程

PLC 执行程序必经输入采样、程序执行和输出刷新三个阶段，如图 3-10 所示。

PLC 在输入采样阶段：首先以扫描方式按顺序将所有暂存在输入锁存器中的输入端子的通断状态或输入数据读入，并将其写入各对应的输入状态寄存器中，即刷新输入。随即关闭输入端口，进入程序执行阶段。

PLC 在程序执行阶段：按用户程序指令存放的先后顺序扫描执行每条指令，经相应的运算和处理后，其结果再写入输出状态寄存器中，输出状态寄存器中所有的内容随着程序的执行而改变。

输出刷新阶段：当所有指令执行完毕，输出状态寄存器的通断状态在输出刷新阶段送至输出锁存器中，并通过一定的方式（继电器、晶体管或晶闸管）输出，驱动相应输出设备工作。

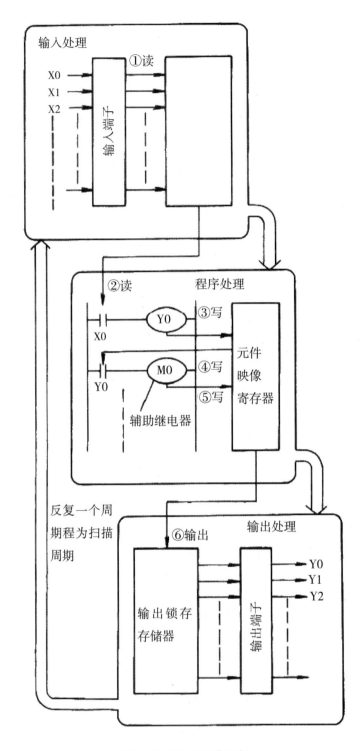

图 3-10 PLC 的工作过程

项目四　PLC 的分类

PLC 产品种类繁多，其规格和性能也各不相同。对 PLC 的分类，通常根据其结构形式的不同、功能的差异和 I/O 点数的多少等进行大致分类。

一、按结构形式分类

根据 PLC 的结构形式，可将 PLC 分为整体式和模块式两类。

1. 整体式 PLC

整体式 PLC 是将电源、CPU、I/O 接口等部件都集中装在一个机箱内，具有结构紧凑、体积小、价格低的特点。小型 PLC 一般采用这种整体式结构。整体式 PLC 由不同 I/O 点数的基本单元（又称主机）和扩展单元组成。基本单元内有 CPU、I/O 接口与 I/O 扩展单元相连的扩展口，以及与编程器或 EPROM 写入器相连的接口等。扩展单元内只有 I/O 和电源等，没有 CPU。基本单元和扩展单元之间一般用扁平电缆连接。整体式 PLC 一般还可配备特殊功能单元，如模拟单元、位置控制单元等，使其功能得以扩展。

2. 模块式（组合式）PLC

模块式 PLC 是将 PLC 各组成部分，分别做成若干个单独的模块，如 CPU 模块、I/O 模块、电源模块（有的含在 CPU 模块中）以及各种功能模块。模块式 PLC 由框架或基板和各种模块组成。模块装在框架或基板的插座上。这种模块式 PLC 的特点是配置灵活，可根据需要选配不同规模的系统，而且装配方便，便于扩展和维修。大、中型 PLC 一般采用模块式（组合式）结构。

还有一些 PLC 将整体式和模块式的特点结合起来，构成所谓叠装式 PLC。叠装式 PLC 其 CPU、电源、I/O 接口等也是各自独立的模块，但它们之间是靠电缆进行连接，并且各模块可以一层层地叠装。这样，不但系统配置灵活，还可以做得体积小巧。

二、按功能分类

根据 PLC 所具有的功能不同，可将 PLC 分为低档、中档、高档三类。

（1）低档 PLC。具有逻辑运算、定时、计数、移位以及自诊断、监控等基本功能，还可有少量模拟量输入/输出、算术运算、数据传送和比较、通信等功能。主要用于逻辑控制、顺序控制或少量模拟量控制的单机控制系统。

（2）中档 PLC。除具有低档 PLC 的功能外，还具有较强的模拟量输入/输出、算术运算、数据传送和比较、数制转换、远程 I/O、子程序、通信联网等功能。有些还可增设中断控制、PID 控制等功能，适用于复杂控制系统。

（3）高档PLC。除具有中档机的功能外，还增加了带符号算术运算、矩阵运算、位逻辑运算、平方根运算及其他特殊功能函数的运算、制表及表格传送功能等。高档PLC机具有更强的通信联网功能，可用于大规模过程控制或构成分布式网络控制系统，实现工厂自动化。

三、按 I/O 点数分类

按 I/O 点数可分为小型、中型和大型三类。

（1）小型 PLC 的 I/O 点数在 256 点以下，其中小于 64 为超小型或微型 PLC；

（2）中型 PLC 的 I/O 点数在 256~2048 点之间；

（3）大型 PLC 的 I/O 点数在 2048 点以上，其中 I/O 点数超过 8192 点为超大型 PLC。

项目五　常用 PLC 及其性能

目前，PLC 的种类很多，本项目主要以日本三菱 Fl、FX2、FXO 系列为例，介绍其系统硬件，技术性能、特点等基本知识。

一、三菱系列 PLC 组成及性能

1.F1 系列 PLC 组成及其功能

F1 系列可编程序控制器由日本三菱公司生产，目前有多种机型。其中 F1 系列 PLC 属于小型低档机，整体式结构，包括基本单元、扩展单元、特殊功能单元。每个 PLC 控制系统必须要有一台主机，若要增加输入输出点数，应连接扩展单元；若要增加控制功能，则可连接特殊功能单元，如高速计数单元、位置控制单元、模拟量单元等。

F1 系列 PLC 的芯片为 8039 单片机芯片，执行速度平均为 $12\mu s/$ 步。程序容量为 1000 步。其基本单元和扩展单元的型号规格见表 3-2。

扩展单元的外形与基本单元基本一样，但扩展单元内部没有 CPU、ROM、RAM 等，所以不能单独使用，只能与基本单元一起使用，作为基本单元输入输出点数的扩充。通过选用不同的基本单元与扩展单元连接使用，可方便地构成 12~120 点输入输出的 PLC 系统。例如：F1-60MR 与 FI-40ER 配接，可构成 I/O 为 100 点的 PLC 系统。但要注意配接时，所带的各扩展单元的总 I/O 点数不能超过基本单元的 I/O 点数。在实际应用中，根据设计的系统大小，选择合适的基本单元和扩展单元，以适应控制的需要。

表 3-2　F1 系列 PLC 型号规格

类型	型号	输入点数	输出点数	类型	型号	输入点数	输出点数
基本单元	FI-12MR	6	6	扩展单元			
	FI-20MR	12	8		FI-10ER	4	6
	F1-30MR	16	14		FI-20ER	12	8
	FI-40MR	24	16		FI-40ER	24	16
	FI-60MR	36	24		FI-60ER	36	24

F1 系列的 PLC 常用的特殊功能单元有模拟量输入 / 输出单元、位置控制单元、模拟定时器、定位控制单元等。

F1 系列 PLC 编程器主要有 FI-20P-E 简易编程器，GP-20F-E 便携式图形编程器，GP-80-F2A-E 大型多功能图形编程器。另外 F1 系列 PLC 还可使用 MEDOC 软件包，与个人计算机通信，利用个人计算机编程，程序用梯形图表达。可直接显示在屏幕上，操作方便。F1 系列 PLC 的性能指标见表 3-3。

表 3-3 F1 系列 PLC 的性能指标

项目		性能指标
执行方法		周期执行存储的程序、几种输入 / 输出
执行速度		平均 12μs / 步
程序语言		继电器和逻辑符号（梯形图）
程序容量		1000 步
指令	逻辑控制	20 条（包括 MC / MCR / CJP / EJP.S / R）
	步进梯形指令	2 条（STL，RET）
	功能块指令	87 个（包括 +、-、×、÷、>、=、<等）
程序记忆		内部配置 CMOS-RAM，EPROM/EEROM 卡
辅助继电器	无锁存	128 点
	锁存	64 点
	特殊	21 点
状态寄存器		40 点
数据寄存器		64 点
定时器	0.1s 定时器	24 点（延时接通）0.1～999 s
	0.01s 定时器	8 点（延时接通）0.01～99.9 s
计数器（锁存）		30 点（0～999），减法计数
高速计数器（锁存）		1 点，加 / 减计数（0～999 999），最大 2 kHz
电池保护		锂电池，寿命约 5 年
诊断		程序检查、定时监控、电池电压、电源电压

2. FX2 系列 PLC

FX2 系列是 1991 年推出的一种整体式和模块式相结合的叠装式小型 PLC，由基本单元、扩展单元、扩展模块、特殊功能模块和编程器等组成。其型号规格见表 3-4。

表 3-4 FX2 基本单元型号规格

型号		输入点数（24 VDC）	输出点数	扩展模块最大 I/O 点数
继电器输出	晶体管输出			
FX2—16MR	FX2—16MT	8	8	16
FX2—24MR	FX2—24MT	12	12	16
FX2—32MR	FX2—32MT	16	16	16
FX2—48MR	FX2—48MT	24	24	32
FX2—64MR	FX2—64MT	32	32	32
FX2—80MR	FX2—80MT	40	40	32
FX2—128MR	FX2—128MT	64	64	

扩展单元是用于增加 I/O 点数，内设有电源，其型号规格见表 3-5。

表 3-5 FX2 扩展单元型号规格

型号	输入点数（24 VDC）	输出点数	扩展模块最大 I/O 点数
FX—32ER	16	16（继电器）	16
FX—48ER	24	24（继电器）	32
FX—48ET	24	24（晶体管）	32

扩展模块用于增加 I/O 点数和改变 I/O 比例，模块内部无电源，由基本单元和扩展单元供电，其规格型号见表 3-6。扩展单元和扩展模块均无 CPU，必须与基本单元一起使用。

表 3-6 FX2 扩展模块型号规格

型号	输入点数（24 VDC）	输出点数	型号	输入点数（24 VDC）	输出点数
FX—8EX	8	—	FX—16EYR	—	16（继电器）
FX—16EX	16	—	FX—16EYT	—	16（晶体管）
FX—8EYR	—	8（继电器）	FX—16EYS	—	16（晶闸管）
FX—8EYT	—	8（晶体管）	FX—8ER	4	4（继电器）
FX—8EYS	—	8（晶闸管）			

特殊功能模块是为满足特殊控制要求的装置。编程器用于程序的输入、调试和运行监视故障分析。FX2 系列 PLC 的性能指标见表 3-7。

表 3-7 FX2 系列 PLC 性能指标

项目	性能指标		注释
作控制方式	反复扫描程序		由逻辑控制器 LSI 执行
I/O 刷新方式	批处理方式（在 END 指令执行时成批刷新）		有直接 I/O 指令及输入滤波器时间常数调整指令
操作处理时间	基本指令：0.48 μs/ 步		功能指令：几百 μs/ 步
编程语言	继电器符号语言（梯形图）+ 步进指令		可用 SFC 方式编程
程序容量与存储器类型	2K 步 RAM（标准配置）		
	4K 步 EEPROM 卡盒（选配）		
	8K 步 RAM、EEPROM		
	EPROM 卡盒（选配）		
指令数	基本指令 20 条，步进指令 2 条，应用指令 85 条		
输入继电器	DC 输入，24 VDC，7 mA，光电隔离		X0 ~ X177（八进制）I/O 点数
输出继电器	继电器	250 VAC，30 VDC,2A（电阻负载）	Y0 ~ Y177（八进制）
	晶闸管	242 VDC，0.3 A/ 点，0.8 A/4 点	
	晶体管	30 VDC,0.5 A/ 点，0.8 A/4 点	

项目		性能指标		注释	
辅助继电器	通用型			M0~M499（500 点）	
	锁存型	电池后备		M500 ~ M1023（524 点）	
	特殊型			M8000~M8255（256 点）	
状态	初始化用	用于初始状态		S0~S9（10 点）	
	通用			S10~S499	
	锁存	电池后备		S500~S899（400 点）	
	报警	电池后备		S900~S999（100 点）	
定时器	100 ms	0.1 ~ 3276.7 s		T0 ~ T199（200 点）	
	10 ms	0.01 ~ 3276.7 s		T0 ~ 245（46 点）	
	l ms（积算）	0.001~32.767 s（电池后备）		T246~T249（4 点）	
	100 ms（积算）	0.1~3276.7 s（保持）		T250~T255（6 点）	
计数器	加计数器	16 bit（1 ~ 32767）	通用型	C0 ~ C99（100 点）	范围可通过参数设备
			电池后备	C100 ~ C199（100 点）	
	加 / 减计数器	32 bit：2 147 483 648 ~ 2 147 483 648	通用型	C200 ~ C219（20 点 0）	
			电池后备	C220 ~ C234（15 点）	
	高速计数器	32 bit 加 / 减计数器	电池后备	C235~C255（6 点）单向计数	
	通用数据寄存器	16 bit 16 bit	一对处理 32 bit	通用型	D0~D199（200 点）可设置
				电池后备	D200 ~ D511（312 点）
	特殊寄存器	16 bit		D8000~D8255（256 点）	
	变址寄存器	16 bit		V，Z（2 点）	
	文件寄存器	16 bit（存于程序中）	电池后备	D1000~D2999，最大 2000 点	
指针	JUMP/CALL			P0~P63（64 点）	
	中断	X0~X5 作中断输入，定时器中断		10 □□ ~ 18 □□（9 点）	
嵌套标志		主控线路用		N0~N7（8 点）	
常数	十进制	16 bit：−32768 ~ 32767		32 bit：−2147483648 ~ 2147483647	
	十六进制	16 bit：0~FFFFH		32 bit：0~FFFFFFFFH	

3.FXO 系列 PLC

FXO 是在 FX2 之后推出的一种超小型 PLC。FXO 为整体式结构，也设有扩展单元，最大 I/O 总数有 14、20、30 三种供选择。电源有交流和直流两种。输出有继电器输出和晶体管输出两种类型。

FXO 系列 PLC 的型号规格见表 3-8，其性能指标见表 3-9。

表 3-8 FXO 系列 PLC 的型号规格

型号	输入点数	输出点数	电源电压	输入信号	输出类型
FXO—14MR—ES	8	6	100 ~ 240 V DC		继电器输出
FXO—20MR—ES	12	8			
FXO—30MR—ES	16	14			
FXO—14MT—DSS	8	6	24 V DC	24 V DC 源 / 漏型	晶体管输出
FXO—20MT—DSS	12	8			
FXO—30MT—DSS	16	14			
FXO—14MR—DS	8	6			继电器输出
FXO—20MR—DS	12	8			
FXO—30MR—DS	16	14			

表 3-9 FXO 系列 PLC 的性能指标

项目		性能指标	注释
操作控制方式		反复扫描程序	
I/O 刷新方式		批处理方式（在 END 指令执行时成批刷新）	有直接 I/O 指令及输入滤波器时间常数调整指令
操作处理时间		基本指令 :1.6~3.6 μ s / 步	应用指令几十 ~ 几百 μ s / 步
编程语言		梯形图十步进指令	可用 SFC 方式编程
程序容量 / 存储类型			800 步 /EEPROM
指令数		基本指令 18 条，步进指令 2 条，应用指令 35 条	
输入继电器		DC 输入 24V DC，7mA 光电隔离	X0 ~ X17（8 进制）
输出继电器	继电器	250V AC, 30V DC, 2A（电阻负载）	Y0 ~ Y15（8 进制） I/O 点数一共 30 点
	晶体管	30V DC，0.5A/ 点，0.8A/ 点	
辅助继电器	通用型		M0 ~ 95（496 点）
	锁存型	EEPROM 后备	M496 ~ M511（16 点）
	特殊型		M8000 ~ M8425（56 点）
状态	初始化用	用于初始状态	S0 ~ S9（10 点）
	通用		S10 ~ S63（54 点）

项目		性能指标	注释	
定时器	100ms	0.1 ~ 3276.7s	T0 ~ T55（56 点）	
	10ms	0.01 ~ 327.67s	T32 ~ T55（24 点）当 M8082 为 ON	
	模拟量	0 ~ 25.5s	用 D8013（1 点）	
计数器	加计数器	16 bit1 ~ 32767	通用型	C0 ~ C13（14 点）
			EEPROM 后备	C14 ~ C15（2 点）
	高速计数器	32 bit 加 / 减计数	某些是电池后备	C235 ~ C249（4 点）单向计数 C251 ~ C254（1 点）可逆计数
寄存器	通用数据寄存器	16 bit　　一对处理	通用型	D0 ~ D29（30 点）
		16 bit　　32 bit	电池后备	D30 ~ D31（2）
	特殊寄存器	16 bit	D8000 ~ D8069（27 点）	
	变址寄存器	16 bit	V，Z（2 点）	

项目		性能指标	注释
指针	JUMP/CALL		P0~P63（64 点）
	中断	用 X0~X3 作中断输入	10 □□ ~13 □□（4 点）
嵌套标志		主控线路用	N0~N7（8 点）
常数	十进制	16 bit：–32768~32767 32 bit：–2147483648–2147483647	
	十六进制	16 bit：0~FFFFH 32 bit：0~FFFFFFFFH	

练一练

1. 简述可编程逻辑控制的定义。

2. 可编程逻辑控制器的主要组成部分是什么？

3. 简述 PLC 循环扫描的工作原理。

模块四

FX 系列 PLC 的指令系统及编程方法

模块概述

本模块介绍了 FX 系列 PLC 的系统配置和指令系统,并举例说明了基本电路单元的编程方法。

教学目标

了解 FX 系列 PLC 的内部结构,重点掌握 PLC 的指令系统及编程方法。

项目一　FX 系列 PLC 的内部系统配置

不同厂家、不同系列的 PLC,其内部软继电器(编程元件)的功能和编号也不相同,因此用户在编制程序时,必须熟悉所选用 PLC 的每条指令涉及编程元件的功能和编号。元件的数量及类别是由 PLC 监控程序规定的,它的规模决定着 PLC 整体功能及数据处理的能力。

FX 系列 PLC 是三菱公司后期的产品。命名方式如下:

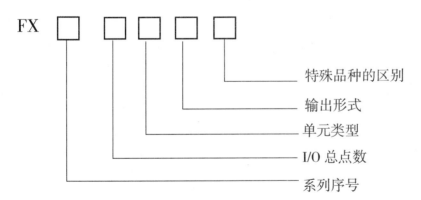

序列号:0、0S、0N、2、2C、1S、2N、2NC。

I/O 总点数:0~256。

单元类型:M——基本单元;

　　　　　　E——输入输出混合扩展单元及扩展模块;

　　　　　　EX——输入专用扩展模块;

EY——输出专用扩展模块。

输出形式：R——继电器输出；

T——晶体管输出；

S——晶闸管输出。

特殊品种区别：D——DC 电源、直流输入；

A1——AC 电源、交流输入；

H——大电流输出扩展模块（1A/ 点）；

V——立式端子排的扩展模块；

C——接插口输入 / 输出方式；

F——输入滤波 1 ms 的扩展模块；

L——TTL 输入扩展模块；

S——独立端子（无公共端）扩展模块。

一、输入 / 输出（I/O）继电器

输入继电器用 X 表示，输入继电器与输入端相连，它是专门用来接收 PLC 外部开关信号的元件。PLC 通过输入接口将外部输入信号状态（接通时为"1"，断开时为"0"）读入并存储在输入映像寄存器中，它可以有无数个动合触点和动断触点，在 PLC 编程中可以随意使用。这类继电器的状态不能用程序驱动，只能用输入信号驱动。FX 系列 PLC 的输入继电器采用八进制编号。FX_{2N} 系列 PLC 带扩展时，输入继电器最多可达 184 点，其编号为 X0~X7、X10~X17···X260~X267。

输出继电器用 Y 表示，是 PLC 内部信号经输出接口电路及输出端子送达并控制外部负载的虚拟继电器。输出继电器线圈是由 PLC 内部程序的指令驱动，其线圈状态传送给输出单元，再由输出单元对应的硬触点来驱动外部负载。系列 PLC 的输出继电器采用八进制编号（表 4-1）。FX_{2N} 系列 PLC 带扩展时，输出继电器最多可达 184 点，其编号为 Y0~Y267。

表 4-1　FXON 系列 PLC（AC 电源，DC 输入）I/O 继电器点数

型号		输入点数	输出点数	扩展模块
继电器输出	晶体管输出	（DC 24 V）	（R、T）	使用点数
FXON–24MR	FXON–24MR	14 点	10 点	16 点
FXON–40MR–001	FXON–40MT	24 点	16 点	16 点
FXON–60MR–001	FXON–60MT	36 点	24 点	16 点

二、辅助继电器（M）

辅助继电器是 PLC 中数量最多的一种继电器。辅助继电器的线圈与输出继电器一样，由 PLC 内各软元件的触点驱动。辅助继电器的动合和动断触点使用次数不限，在 PLC 内可以自由使用。但是，辅助继电器不能直接驱动外部负载，负载只能由输出继电器的外部触点驱动。在逻辑运算中经常需要一些中间继电器作为辅助运算用。这些元件不直接对外输

入、输出，但经常用作状态暂存、移位运算等。它的数量比软元件 X、Y 多。内部辅助继电器中还有一类特殊辅助继电器，它有各种特殊功能，如定时时钟、进 / 借位标志、启动 / 停止、单步运行、通信状态、出错标志等。

1. 通用辅助继电器

不同型号的 PLC 其通用型辅助继电器的数量是不同的，其编号范围也不同。使用时，必须参照编程手册。FXON–60M 型 PLC 的通用辅助继电器编号为：M0~M383 共 384 点（在 FX 系列 PLC 中除了输入 / 输出继电器外，其他所有的器件都采用十进制数编号）。

2. 断电保持辅助继电器

断电保持辅助继电器具有断电保持型功能，即能记忆电源中断瞬时的状态，并在重新通电后再现其断电前的状态。它之所以能在电源断电时保持其原有的状态，是因为电源中断时用 PLC 锂电池作后备电源，保持它们映像寄存器中的内容。断电保持继电器的编号为：M384~M511 共 128 点。

3. 特殊辅助继电器

这些特殊辅助继电器各自具有特殊的功能，一般分成两大类。一类是只能利用其触点，这类特殊辅助继电器的线圈由 PLC 自动驱动，用户只能利用其触点。例如：M8000（运行监视）、M8002（初始脉冲）、M8013（1 s 时钟脉冲）。另一类是可驱动线圈型的特殊辅助继电器，这类特殊辅助继电器的线圈可由用户驱动其线圈后，PLC 做特定的动作。例如，M8033 指 PLC 停止时输出保持，M8034 是指禁止全部输出，M8039 是指定时扫描。

4. 内部状态器

状态器是一种在步进顺序控制的编程中表示"步"的继电器，其编号为：S0~S127，共 128 点。这 128 点状态器的动合触点供 PLC 编程时使用，且使用次数不限。不用步进指令时，状态器 S 可以作为辅助继电器在程序中使用。状态器 S 属于掉电保护继电器。

三、定时器（T）

定时器在 PLC 中相当于一个时间继电器，定时器中有一个设定值寄存器（一个字长）、一个当前值寄存器（一个字长）和一个用来存储其输出点的映像寄存器（占二进制的一位），这三个单元使用同一个元件编号，但使用场合不一样，意义也不同。通常在一个可编程控制器中有几十个至数百个定时器，可用于定时操作。

四、计数器（C）

计数器是 PLC 控制中用作计数，内部信号计数器是在执行扫描操作时对内部元件 X、Y、M、S、T、C 的信号进行计数。当计数达到设定值时，计数器触点动作。计数器的动合、动断触点可以无限使用。

五、常数（K/H）

常数计数器也作为元件对待，它在存储器中占有一定的空间，十进制常数用 K 表示，如 16，表示为 K16；十六进制常数用 H 表示，如 16 表示为 H16。

六、数据寄存器（D）

可编程控制器用于模拟量控制、位置控制、数据 I/O 时，需要许多数据寄存器存储参数及工作数据。这类寄存器的数量随着机型不同而不同。数据寄存器都是 16 位，其中最高位为符号位，可以用两个数据寄存器 32 位数据（最高位为符号位）。

数据寄存器分为以下几种：

（1）通用数据寄存器。将数据写入统统用数据寄存器后，则数据将不会变化，直到再一次写入。这类寄存器内的数据，一旦 PLC 状态由运行（RUN）转成（STOP）或停电时全部数据均清零。

（2）停电保持数据寄存器。停电保持数据寄存器在 PLC 由 RUN–STOP 或停电时，其数据保持不变。利用参数设定，可以改变停电保持数据寄存器的范围。当停电保持数据寄存器作为一般用途时，要在程序的起始步采用 RST 或 ZRST 指令清除其内容。

（3）特殊数据寄存器。用于监视 PLC 内各种元件的运行状态，其内容在电源接通（ON）时，写入初始化值（全部清零，然后由系统 ROM 安排写入初始值）。

（4）文件寄存器。实际上是一类专用数据寄存器，用于存储大量的数据，例如，采集数据、统计计算器数据、多组控制参数等。其数量由 CPU 的监视软件决定。在 PLC 运行中，用 BMOV 指令可以将文件寄存器中的数据读到通用数据寄存器中，但不能用指令将数据写入文件寄存器。

（5）V/Z 变址寄存器。变址寄存器 V、Z 和通用数据寄存器一样，是进行数据读、写的 16 位数据寄存器，主要用于改变元件编号（地址）。V 和 Z 都是 16 位的寄存器，可进行数据的读与写；当进行 32 位操作时，将 V、Z 合并使用，指定 Z 为低位。

项目二 FX系列PLC的基本指令

本项目以梯形图及指令语句表的形式，介绍FX系列可编程控制器的基本指令及编程方法。

一、逻辑取及输出线圈指令（LD、LDI、OUT）

LD（Load）：用于将常开触点与母线相连指令。

LDI（Load Inverse）：用于将常闭触点与母线相连指令。

OUT（Out）：是对输出继电器、辅助继电器、状态继电器、定时器、计数器的线圈进行驱动的指令，但不能用于输入继电器。

上述3条指令的使用如图4-1所示。

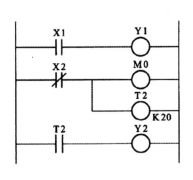

步序号	指令语句		注释
	助记符	器件号	
0	LD	X1	(X1)→R
1	OUT	Y1	(R)→Y1
2	LDI	X2	($\overline{X2}$)→R,(R)→(S1)
3	OUT	M0	(R)→M0
4	OUT	T2	(R)→T2
	K	20	定时器延时
5	LD	T2	(T2)→R,(R)→(S1),(S1)→S2
6	OUT	Y2	(R)→Y2

图4-1 LD、LDI、OUT指令的使用

知识链接

（1）LD、LDI两条指令用于将触点接到母线上。

（2）OUT是驱动线圈的输出指令，对于K不能使用。OUT指令可以连续使用多次。使用OUT指令驱动定时器，必须设定常数K，常数K的设定在编程中也占一个步序位置。

定时器的设定常数见表4-2。

定时器的动作时序如图4-2所示。

表 4-2　定时器的设定常数

定时器切换标志	定时器编号	实际设定值	
M8028 = OFF	T0 ~ T62	以 100 ms 为单位	276.7 s
	T63	以 1 ms 为单位	0 ~ 32.767 s
M802S=ON	T0 ~ T31	以 100 ms 为单位	0 ~ 3276.7 s
	T32 ~ T62	以 10 ms 为单位	0 ~ 327.67 s
	T63	以 1 ms 为单位	0 ~ 32.767 s

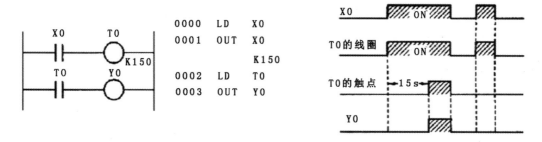

0000	LD	X0
0001	OUT	X0
		K150
0002	LD	T0
0003	OUT	Y0

图 4-2　定时器的动作时序图

二、触点并联指令（OR、ORI）

OR、ORI 指令紧接在 LD、LDI 指令后使用，亦即对 LD、LDI 指令规定的触点再并联一个触点，并联的次数无限制，但限于编程器和打印机的幅面限制，尽量做到 24 行以下。

使用说明如图 4-3 所示。

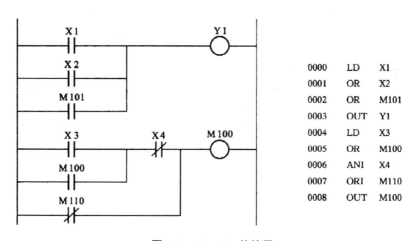

0000	LD	X1
0001	OR	X2
0002	OR	M101
0003	OUT	Y1
0004	LD	X3
0005	OR	M100
0006	ANI	X4
0007	ORI	M110
0008	OUT	M100

图 4-3　OR、ORI 的使用

三、触点串联指令（AND、ANI）

AND、ANI 指令用于单个常开、常闭触点的串联, 串联触点的次数不限, 即可以多次使用。

使用说明如图 4-4 所示。

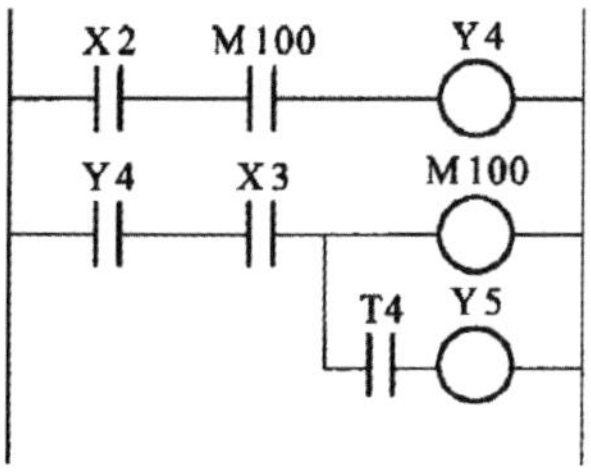

0000	LD	X2	(X2)→R
0001	AND	M100	(R)·(M100)→R
0002	OUT	Y4	(R)→Y4
0003	LD	Y4	(Y4)→R,(R)→S1
0004	AND	X3	(R)·(X3)→R
0005	OUT	M100	(R)→M100
0006	AND	T4	(R)·(T4)→R,(R)→S1,(S1)→S2
0007	OUT	Y5	(R)→Y5

图 4-4　AND、ANI 指令使用

知识链接

　　在图 4-5 中的连续输出不能采用图 4-3 所对应的指令语句，必须采用后面要讲的堆栈指令，否则将使得程序步增多，因此不推荐使用图 4-5 中梯形图的形式。

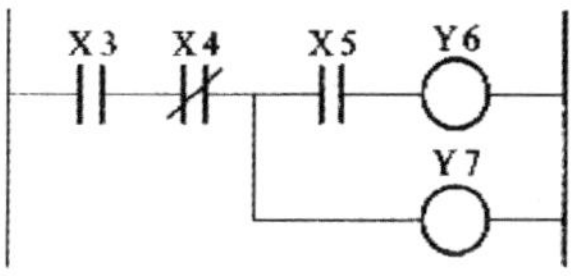

图 4-5　不推荐的梯形图形式

四、电路块串联连接指令（ANB）

　　ANB（AndBlock）称为"块与指令"，即电路块串联连接指令。所谓电路块就是由几个触点按一定的方式连接的梯形图。两个或两个以上触点并联连接的电路称为并联电路块。当分支电路并联电路块与前面的电路串联连接时，使用 ANB 指令。即分支起点用 LD、LDI 指令，并联电路块结束后使用 ANB 指令，表示与前面的电路串联。

　　使用说明如图 4-6（a）所示。

　　对于图 4-6（b）中的梯形图编程时，应采用图 4-6（c）的形式编程，这样可以简化程序。

　　ANB 指令原则上可以无限制使用，但受 LD、LDI 指令只能连续使用 8 次影响，ANB 指令的使用次数也应限制在 8 次。

五、电路块并联连接指令（ORB）

　　ORB（Or Block）称为"块或指令"，即电路块并联连接指令。2 个及 2 个以上的触点串联连接而成的电路块为串联电路块，将串联电路块并联使用时，用 LD、LDI 指令表示分支开始，用 ORB 指令表示分支结束。

　　使用说明如图 4-7 所示。

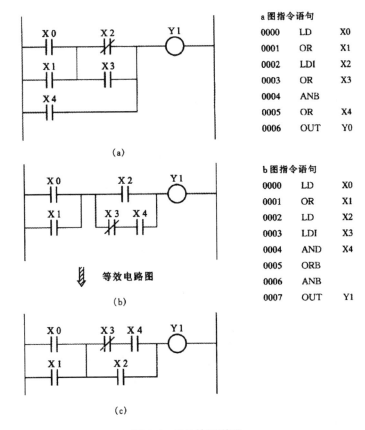

图 4-6 ANB 使用说明

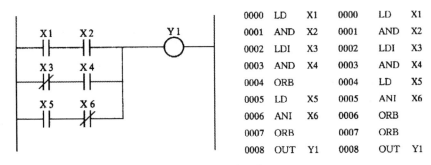

图 4-7 ORB 使用说明

知识链接

若有多条并联电路时，在每个电路块后使用 ORB 指令，对并联电路数没有限制，但考虑到 LD、LDI 指令只能连续使用 8 次，ORB 指令的使用次数也应限制在 8 次。

六、栈指令（MPS、MRD、MPP）

MPS：进栈指令；MRD：读栈指令；MPP：出栈指令。

栈指令用于多重输出电路。可将连续点先存储，用于连接后面的电路。

MPS/MRD/MPP 指令后如果接单个触点，用 AND 或 ANI 指令；若有电路块串、并联，则要用 ANB、ORB 指令；若直接与线圈相连，则用 OUT 指令。

MPS、MRD 和 MPP 指令的使用分别如图 4-8、图 4-9 和图 4-10 所示。

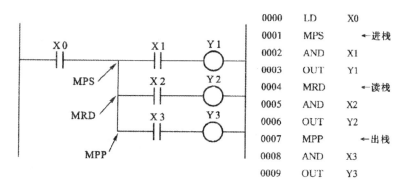

图 4-8　栈指令的使用

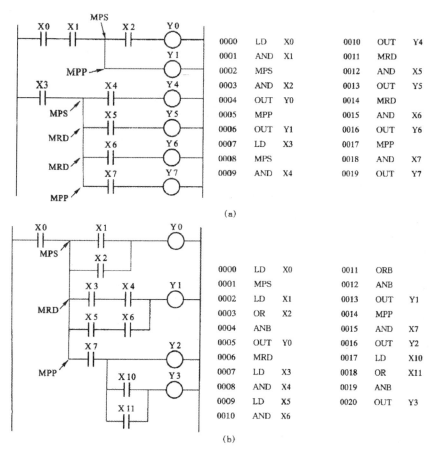

图 4-9　栈指令使用说明之一

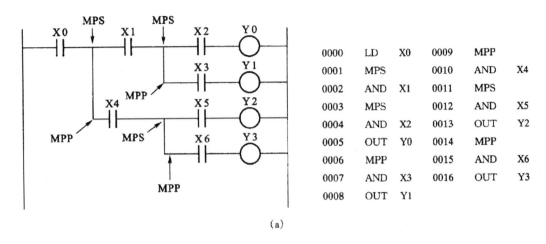

(a)

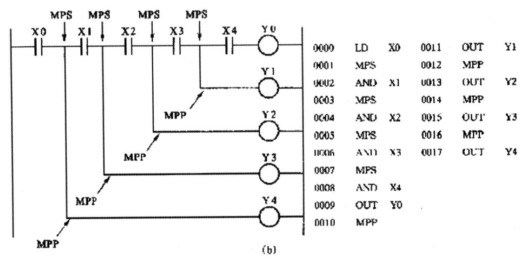

(b)

图 4-10　栈指令使用说明之二

FX2 系列可编程序控制器中有 11 个用来储存运算的中间结果的存储区域被称为栈存储器。使用一次 MPS 指令，便将此刻的运算结果送入堆栈的第一层，而将原存在第一层的数据移到堆栈的下一层。使用 MPP 指令，各数据顺序向上一层移动，最上层的数据被读出。同时该数据就从堆栈内消失。

七、位置与复位指令（SET、RST）

（1）RST 指令常被用来对 D、V、Z 的内容清零，还用来复位积算定时器和计数器，如图 4-11 所示。

（2）对于同一目标元件，SET/RST 指令可多次使用，顺序也可任意，但以最后执行的一行为有效。

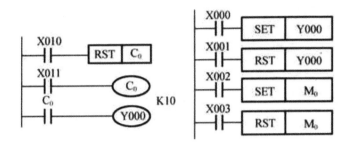

图 4-11　SET、RST 指令的使用

八、主控指令（MC、MCR）

（1）被主控指令驱动的 Y 或 M 元件的常开触点称为主控触点，主控触点在梯形图中与一般触点垂直。主控触点是与左母线相连的常开触点，相当于电气控制电路的总开关。与主控触点相连的触点必须用 LD/LDI 指令。

（2）MC 指令的输入触点断开时，在 MC 和 MCR 之间的积算定时器、计数器和用 SET/RST 指令驱动的元件保持其之前的状态不变。非积算定时器和 OUT 指令驱动的元件将复位。

（3）在一个 MC 指令区内，若再使用 MC 指令称为嵌套。嵌套级数最多 8 级，编号按 NO —N1—N2 —N3 — M —N5 —N6 —N7 顺序增大，使用 MCR 指令返回时，则从编号大的嵌套级开始复位。

MC、MCR 指令的使用说明如图 4-12 所示。

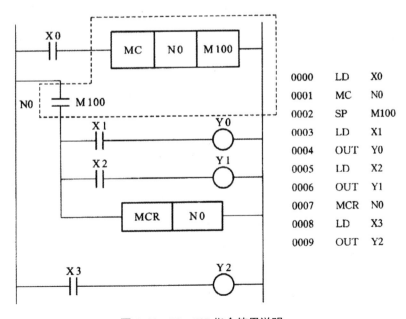

图 4-12　MC、MCR 指令使用说明

图中的输入条件 X0 闭合时，执行 MC 与 MCR 之间的指令；当输入条件 X0 断开时，不执行 MC 与 MCR 之间的指令。与主控触点相连接的触点必须用 LD、LDI 指令。使用 MC

指令后，母线移到主控触点的后面，MCR 使母线回到原来的位置。

九、脉冲输出指令（PLS、PLF）

（1）PLS（pluse）：脉冲上微分指令，在输入信号的上升沿产生脉冲输出。

（2）PLF（Pulse）：脉冲下微分指令，在输入信号的下降沿产生脉冲输出。

PLS、PLF 指令使用如图 4-13 所示。

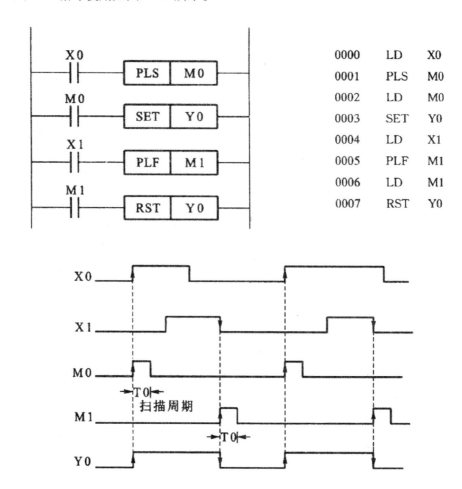

图 4-13　PLS、PLF 指令的使用

使用 PLS 指令时，元件 Y，M 仅在驱动输入触点闭合的一个扫描周期内动作，而使用 PLF 指令，元件 Y，M 仅在驱动输入触点断开后的一个扫描周期内动作。如图 4-13 所示，M0 在 X0 由 OFF → ON 时刻动作，其动作时间为一个扫描周期。M1 在 X1 由 ON → OFF 时刻动作，其动作时间为一个扫描周期。

十、空操作指令（NOP）

NOP（No Operation）：空操作指令。无动作、无操作数的程序步。

在程序中加入 NOP 指令，在修改或追加指令时可以减少步序号的变化。用 NOP 指令替换一些已写入的指令，可以改变电路。当执行程序全部清零操作时，所有指令均变成 NOP。使用说明如图 4-14 所示。

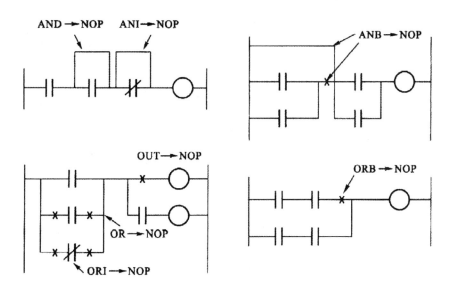

图 4-14 用 NOP 指令修改

十一、程序结束指令（END）

END 是一个无操作数的指令。在程序结束处写上 END 指令，PLC 只执行第一步至 END 之间的程序，并立即输出处理。若不写 END 指令，PLC 将以用户存贮器的第一步执行到最后一步，因此，使用 END 指令可缩短扫描周期。另外，在调试程序时，可以将 END 指令插在各程序段之后，分段检查各程序段的动作，确认无误后，再依次删去插入的 END 指令。

知识链接

FX 系列 PLC 的基本指令包括：取、取反、与、或、块或和块与等。FX 系列 PLC 有 20 条基本指令，2 条步进指令，近百条功能指令。

项目三　常用单元电路及编程

一、画梯形图的规则和技巧

梯形图的左母线与线圈间一定要有触点，而线圈与右母线间不能有任何触点。触点应画在水平线上，不能画在垂直分支上，根据从左至右，自上而下的原则，如图 4-15 所示，同一编号的线圈如果使用两次则称为双线圈，双线圈输出容易引起误操作，所以在一个程序中应尽量避免使用双线圈。有串联电路相并联时，应将触点最多的那个串联支路放在梯形图的最上面，这种安排可减少指令语句，使程序简练，如图 4-16 所示。

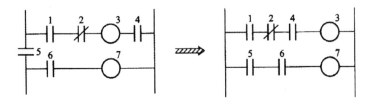

图 4-15　梯形图的设计规则说明之一

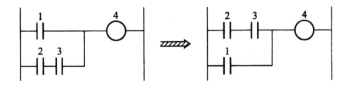

图 4-16　梯形图的设计规则说明之二

如果电路结构复杂，用 ANB、ORB 等难以处理，可以重复使用一些触点改成等效电路，再进行编程，如图 4-17 所示。

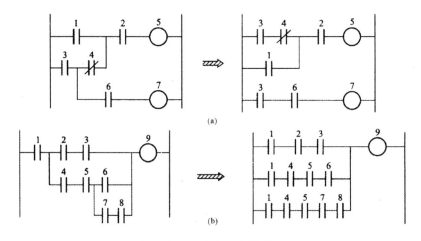

图 4-17　复杂电路的处理

桥式电路不能直接编程，必须画出相应的等效梯形图，如图4-18所示。

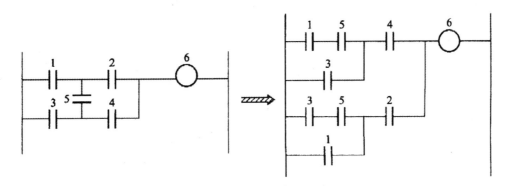

图4-18　桥式电路的处理

二、常用基本单元电路的编程

1. 定时器、计数器的应用

（1）图4-19为定时器构成的延时断开电路，当输入继电器 X002 闭合时，输出继电器 Y003 得电，并由本身的触点自保，同时由于 X002 的动断触点断开，使 T50 的线圈不能得电；当输入 X002 的断开时，其动断触点闭合，T50 线圈得电，经过 15 s 使设定值减到零，T50 的动断触点断开，Y003 线圈断开。

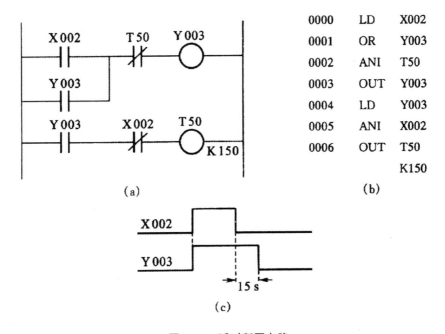

0000	LD	X002
0001	OR	Y003
0002	ANI	T50
0003	OUT	Y003
0004	LD	Y003
0005	ANI	X002
0006	OUT	T50
		K150

（a）　　　　　　　（b）

（c）

图4-19　延时断开电路

（a）梯形图；（b）指令语句；（c）波形图

（2）图4-20为延时闭合/断开电路，当输入 X00 闭合时，T50 得电，延时5s后，T50

所带的动合触点闭合，Y004 得电且自保。当输入 X000 断开时，其动断触点 X000 闭合，T51 得电，延时 5 s 后，T51 所带的动断触点断开，Y004 线圈解除自保断电。

2. 基本控制环节的编程

PLC 控制电路的最基本环节有启动、自保、停止电路，它经常用于对内部辅助继电路和输出继电路进行控制。此电路有两种不同的构成形式，启动优先和停止优先控制方式，如图 4-21 所示。

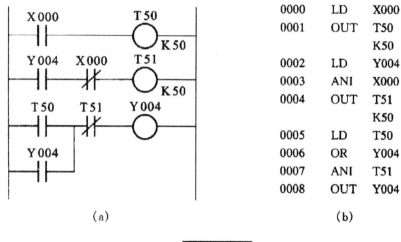

(a)

```
0000    LD     X000
0001    OUT    T50
               K50
0002    LD     Y004
0003    ANI    X000
0004    OUT    T51
               K50
0005    LD     T50
0006    OR     Y004
0007    ANI    T51
0008    OUT    Y004
```

(b)

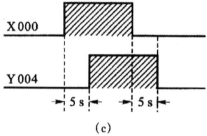

(c)

图 4-20　延时闭合／断开电路

(a) 梯形图；(b) 指令语句；(c) 波形图

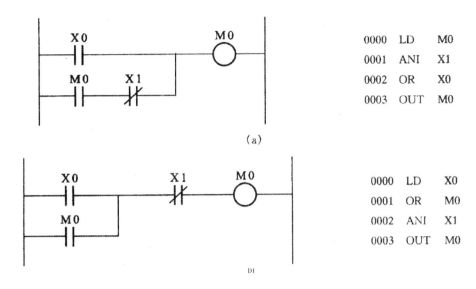

0000	LD	M0
0001	ANI	X1
0002	OR	X0
0003	OUT	M0

（a）

0000	LD	X0
0001	OR	M0
0002	ANI	X1
0003	OUT	M0

图 4-21　启动、保持、停止控制方式

（a）启动优先控制方式；（b）停止优先控制方式

（1）互锁控制。图 4-22 为互锁控制的梯形图，为了使 Y1 和 Y2 不能同时得电，用 Y1 和 Y2 的动断触点，分别串接于线圈 Y2、Y1 的控制电路中。

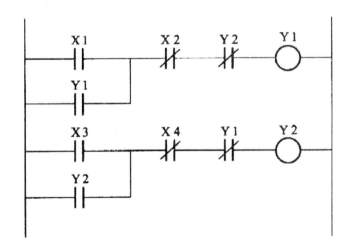

图 4-22　互锁控制

（2）连锁控制。图 4-23 为连锁控制梯形图，线圈 Y0 的动合触点串接于线圈 Y1 的控制电路中，线圈 Y1 的接通是以 Y0 的接通为条件。

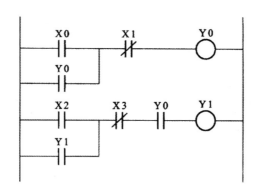

图 4-23　连锁控制

（3）顺序步进控制。在 PLC 的顺序控制中，经常采用顺序步进控制，使控制系统能按照固定的步骤，一步接着一步地执行。图 4-24 所示顺序步进控制线路，其中图 4-24（a）为采用停止优先控制方式，图 4-24（b）为采用启动优先控制方式。

（4）手动与自动控制。图 4-25 为自动控制系统的手动与自动切换梯形图，输入信号 X000 为系统设置的手动 / 自动选择开关。当选择手动工作状态时，X000 闭合；当选择自动工作状态时，X000 断开。不满足主控指令执行条件，则不执行手动程序，执行自动程序。

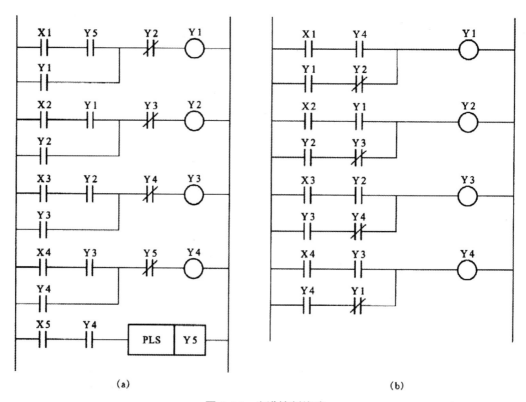

（a）　　　　　　　　　　　　　　　　（b）

图 4-24　步进控制线路

（a）采用停止优先控制方式；（b）采用启动优先控制方式

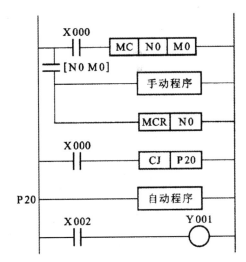

图 4-25　手动控制与自动控制

项目四 步进指令及编程

FX 系列 PLC 除了梯形图形式的图形程序以外，还采用了 SFC（Sequenitial Function Chart）顺序功能图语言，用于编制复杂的顺序控制程序，利用这种编程方法能够较容易地编制出复杂的控制系统程序。

一、顺序控制功能图

1. 顺序控制功能图概述

顺序控制功能图又称状态转移图，是用步（或称为状态，用状态继电器 S 表示）、转移、转移条件、负载驱动来描述控制过程的一种图形。顺序控制功能图并不涉及所描述的控制功能的具体技术，是一种通用的技术语言。各个 PLC 厂家都开发了相应的顺序控制功能图，各国也制定了顺序控制功能图的国家标准，我国于 1986 年颁布了状态转移图国家标准（GB 6988.6—1986）。

2. 顺序控制功能图的组成要素

顺序控制功能图主要由步、有向连线、转换、转换条件和动作（或命令）等要素组成，如图 4-26 所示。

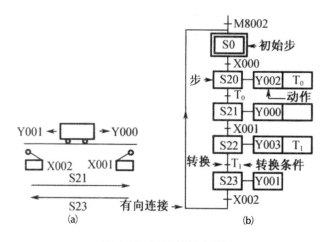

图 4-26 顺序控制功能图

（a）运动示意图；（b）顺序控制功能图

（1）步与动作

①步。在功能图中用矩形方框表示步，方框内是该步的编号。编程时一般用 PLC 内部的编程元件来代表步，因此经常直接用代表该步的编程元件的元件号作为步的编号，如图

4-26所示各步的编号分别为S0, S20, S21, S22, S23。这样在根据功能图设计梯形图时较为方便。

②初始步。与系统的初始状态相对应的步称为初始步。初始状态一般是系统等待启动命令的相对静止的状态。初始步在功能图中用双方框表示，每个功能图至少应有一个初始步。

③动作。一个控制系统可以划分为被控系统和施控系统。例如，在数控车床系统中，数控装置是施控系统，而在车床中被控系统。对于被控系统，在某一步要完成某些动作；对于施控系统，在某一步中则要向被控系统发出某些命令，动作和命令简称为动作，并用矩形框中的文字或符号表示，该矩形框应与相应的步符号相连。如果某一步有几个动作，可以用图4-27所示的两种画法来表示，但是图中并不隐含这些动作之间的任何顺序。

图4-27　多个动作的表示方法

④活动步。当系统正处于某一步时，则该步处于活动状态，称该步为"活动步"。步处于活动状态时，相应的动作被执行。若为保持型动作，则该步不活动时继续执行该动作；若为非保持型动作，则该步不活动时，动作也停止执行。一般功能图中保持型的动作应该用文字或助记符标注，非保持型动作不要标注。

（2）有向连线、转换和转换条件

①有向连线。在功能图中，随着时间的推移和转换条件的实现，将会发生步活动状态的顺序进展，这种进展按有向连线规定的路线和方向进行。在画功能图时，将代表各步的方框按它们成为活动步的先后次序顺序排列，并用有向连线将它们连接起来。活动状态的进展方向习惯上是从上到下、从左到右，在这两个方向有向连线上的箭头可以省略。如果不是上述方向，应在有向连线上用箭头注明进展方向。

如果在画功能图时有向连线必须中断（例如，在复杂的功能图中，若用几个部分来表示一个顺序控制功能图时），应在有向连线中断处标明下一步的标号和所在页码，并在有向连线中断的开始和结束处用箭头标记。

②转换。是用有向连线上与有向连线垂直的短画线来表示，转换将相邻两步分隔开。步的活动状态的进展是由转换的实现来完成的，并与控制过程的发展相对应。

③转换条件。是与转换相关的逻辑命题。转换条件可以用文字语言、布尔代数表达式或图形符号标注在表示转换的短画线旁边。转换条件X和带有上划线的X分别表示，在逻辑信号X为"1"状态和"0"状态时转换。符号X↑和X↓分别表示当X从0→1状态和从1→0状态时转换实现。使用最多的是布尔代数表达式。

3．顺序控制功能图的基本结构

根据步与步之间转换的不同情况，顺序控制功能图有以下几种不同的基本结构形式。

（1）单序列结构

单序列由一系列相继激活的步组成，每一步的后面仅接有一个转换，每一个转换后面只有一个步，如图4-28所示。

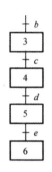

图4-28　顺序列结构图

（2）选择序列结构

选择序列的开始称为分支，如图4-29（a）所示，转换符号只能标在水平连线之下。如果步4是活动步，并且转换条件$a=1$，则发生由步4→步5的转移；如果步4是活动步，并且转换条件$b=1$，则发生步4→步7的转移。选择序列在每一时刻一般只允许选择一个序列。选择序列的结束称为合并或汇合。如图4-29（b）所示，如果步6是活动步，并且转换条件$d=1$，则发生由步6→步11的转移；如果步8是活动步，并且转换条件$e=1$，则发生由步8→步11的转移。

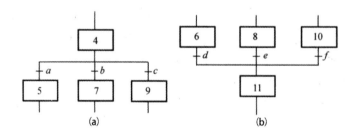

图4-29　选择序列结构

(a) 选择序列的分支；(b) 选择序列的合并

（3）并行序列结构

并行序列的开始称为分支，如图4-30（a）所示，当转换条件的实现导致几个序列同时激活时，这些序列称为并行序列。当步3是活动步，并且转换条件$e=1$，则4、6、8这三步同时成为活动步，同时步3变为不活动步。为了强调转换的同步实现，水平连线用双线表示。步4、6、8被同时激活后，每一个序列中活动步的移将是独立的。在表示同步的水平线之上，只允许有一个转换符号。并行序列的结束称为合并或汇合，如图4-30（b）所示，在表示同步的水平线之下，只允许有一个转换符号。当直接连在双线上的所有前级步都处于活动状态，并且转换条件 $d=1$ 时，才会发生步5、7、9到步10的转移，即步5、7、9同时变为不活动步，而步10变为活动步。并行序列表示系统的几个同时工作的独立部分的工作情况。

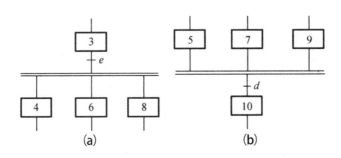

图4-30 并列序列结构图

（a）并列序列的分支；（b）并列序列的合并

（4）子步结构

如图4-31所示，某一步可以包含一系列子步和转换，通常这些序列表示整个系统的一个完整的子功能，子步的使用使系统的设计者在总体设计时容易抓住系统的主要矛盾，用更加简洁的方式表示系统的整体功能和概貌，而不是一开始就陷入某些细节之中。设计者可以从最简单的对整个系统的全面描述开始，然后画出更详细的功能图。子步中还可以包含更详细的子步，这使设计方法的逻辑性很强，可以减少设计中的错误，缩短总体设计和查错所需要的时间。

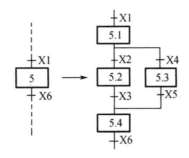

图4-31 子步结构

（5）跳步、重复和循环序列结构

①跳步。在生产过程中，有时要求在一定条件下停止执行某些原定的动作，跳过一定步序后执行之后的动作步，如图4-32（a）所示。当步3为跳步时，若转换条件 e 先变为1，则步4、5不为活动步，而直接转入步6为活动步，实际上这是一种特殊的选择序列。由图（a）

可知，步3下面有步4和步6两个选择分支，而步6是步3和步5的合并。

②重复。在一定条件下，生产过程需要重复执行某几个工序步的动作，如图4-32（b）所示。当步6为活动步时，如果 $d=0$ 而 $e=1$，则序列返回到步5，重复执行步5、6，直到 $d=1$ 时才转入到步7，它也是一种特殊的选择序列，由图4-32（b）可知，步6后面有步5和步7两个选择分支，而步5是步4和步6的合并。

③循环。在一些生产过程中需要不间断重复执行各工序步的动作，如图4-32（c）所示，当步3结束后，立即返回初始步0，即在序列结束后，用重复的办法直接返回到 初始步，形成了系统的循环过程，这实际上就是一种单序列的工作过程。

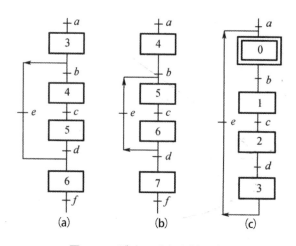

图4-32　跳步、重复和循环序列

（a）跳步序列；（b）重复序列；（c）循环序列

4．顺序控制功能图中转换实现的基本规则

（1）转换实现的条件

在顺序控制功能图中，步的活动状态的进展由转换实现来完成。转换实现必须同时满足两个条件：

①该转换所有前级步必须是活动步。

②对应的转换条件成立。

如果转换的前级步或后级步不止一个，转换实现称为同步实现，如图4-33所示。

（2）转换实现应完成的操作

①使所有有向连线与相应转换符号相连的后续步都变为活动步。

②使所有有向连线与相应转换符号相连的前级步都变为不活动步。

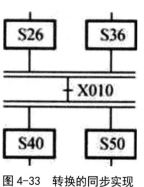

图4-33　转换的同步实现

5. 绘制顺序功能图的注意事项

（1）两个步绝对不能直接相连，必须用一个转换将它们隔开。

（2）两个转换也不能直接相连，必须用一个步将它们隔开。

（3）顺序控制功能图中的初始步一般对应于系统等待启动的初始状态，初始步可能没有输出执行，但初始步是必不可少的。如果没有该步，则无法表示初始状态，系统也无法返回初始状态。

（4）自动控制系统应能多次重复执行同一工艺过程，因此在顺序控制功能图中一般应由步和有向连线组成的闭环，即在完成一次工艺过程的全部操作之后，应从最后一步返回初始步，系统停留在初始状态，在连续循环工作方式时，应从最后一步返回下一个工作周期开始运行的第一步。

（5）在顺序控制功能图中，只有当某一步的前级步是活动步时，该步才有可能变成活动步。如果用没有断电保持功能的编程元件代表各步，进入RUN工作方式时，它们均处于OFF状态，必须用初始化脉冲M8002的常开触点作为转换条件，将初始步预置为活动步，否则因顺序控制功能图中没有活动步，系统将无法工作。如果系统具有手动和自动两种工作方式，由于顺序控制功能图是用来描述自动工作过程的，因此应在系统由手动工作方式进入自动工作方式时用一个适当的信号将初始步置为活动步。

二、步进指令

状态继电器是构成顺序控制功能图"步"的基本元件。FX1S仅有128点断电保持状态继电器（S0 ~ S127），FX1N，FX2N/FX2NC有1000点状态继电器（S0 ~ S999）。其中S0 ~ S9共10点为初始状态继电器，用于功能图的初始步。在PLC由STOP→RUN状态时，应使用M8002的常开触点和区间复位指令（ZRST）来将除初始步以外其余各步的状态继电器复位。步进指令是根据顺序控制功能图而设计梯形图的一种步进型指令。

FX系列PLC有两条步进指令：STL(步进触点指令)、RET(步进返回指令)。STL指令是步进梯形的开始，是利用内部软元件状态继电器进行工序步形式控制的指令；RET是步进结束指令，是表示状态（S）的流程结束，用于返回到主程序（母线）的指令。按一定的规则编写的步进梯形图也可作为顺序控制功能图（SFC图）处理，从顺序控制功能图反过来也可形成步进梯形图。

步进指令的使用说明：

（1）STL指令使用如图4-34所示，其顺序控制功能与梯形图有严格的对应关系。STL指令驱动的S元件的常开触点，称为步进梯形触点，简称STL触点，STL触点的梯形符号用"–‖‖–"表示，每个STL触点驱动的电路块有三个功能，即驱动负载处理，指定转化条件，指定转化目标。

（2）除了并行序列的步进梯形指令方式外，STL触点是与左母线相连的常开触点。当某步为活动步时，对应的STL触点接通，该步的负载被驱动。当该步后续步的转换条件满足时，转换实现，即后续步对应的状态继电器被SET指令置位，后续步变为活动步，同时与当前的活动步对应的状态继电器被系统程序自动复位，其活动步对应的 STL 触点断开，变为不活动步。

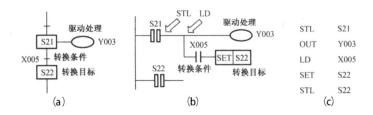

图 4-34　STL 指令使用说明

（a）顺序控制功能图；（b）相对应的梯形图；（c）指令表

（3）与 STL 触点相连的触点应使用 LD 或 LDI 指令，即 LD 点移到 STL 触点的右侧，直到出现下一条 STL 指令或出现 RET 指令，RET 指令使 LD/LDI 点返回左侧母线，各个 STL 触点驱动的电路一般放在一起，只是最后一个电路块结束时一定要使用 RET 指令。

（4）STL 触点可以直接驱动或通过别的触点驱动 Y、M、S、T 或 C 等元件的线圈，STL 触点也可以使 Y、M 和 S 等元件置位或复位。

（5）STL 触点断开时，CPU 不执行其他驱动的电路块，即 CPU 只执行活动步对应的程序。在没有并行序列时，任何时刻只有一个活动步。

（6）由于 CPU 只执行活动步对应的电路块，使用 STL 触点时允许双线圈输出，即同一元件的几个线圈可以分别被不同的 STL 触点驱动。实际上，在一个扫描周期内，同一元件的几条 OUT 指令中只有一条被执行。

（7）STL 指令只能用于状态继电器，在没有并行序列时，一个状态继电器的 STL 触点在梯形图中只能出现一次。

（8）STL 触点驱动的电路块中不能使用 MC/MCR 指令，但是可以使用条件跳转指令。当执行 CJPI 指令调入某一 STL 触点驱动的电路块时，不管该 STL 触点是否为"1"状态，均执行指定位置 PI 之后的电路。

（9）像普通辅助继电器一样，可以对状态继电器使用 LD、LDI、AND、ANI、OR、ORI、SET、RST、OUT 等指令，这时状态继电器触点的画法与普通触点的画法相同。

（10）状态继电器置位的指令如果不在 STL 触点驱动的电路块内，执行置位指令时，系统程序不会自动地将前级状态步对应的状态继电器复位。

三、步进指令的编程方法

1. STL 功能图转换为梯形图

在编程时，可以利用步进指令（STL / RET）将顺序控制功能图转换为梯形图，再写出相应的指令表程序。某顺序控制功能图、梯形图和指令表的对应关系，如图 4-35 所示。

初始状态的编程要特别注意，在 FX 系列 PLC 状态继电器中，用 S0 ~ S9 共 10 个状态器作为初始状态，是表示顺序控制功能图的起始状态，初始状态可以由其他状态器驱动，图4-35（a）中的初始状态S0，是由PLC从停止启动运行切换瞬间使特殊辅助继电器M8002接通一个扫描周期，从而使初始状态S0置为1。除初始状态继电器之外的一般状态继电器必须在其状态后加人STL指令才能驱动，而不能脱离状态继电器用其他方法驱动。编程时，必须将初始状态继电器放在其他状态之前。

2. 使用STL指令编程的一般步骤

使用STL指令编程是利用STL / RET两条指令编制顺序控制梯形图程序，即以步进的STL触点为主体，最后必须用RET指令返回；采用步进指令实现顺序控制过程，是利用状态继电器S与STL指令配合进行编程才具有的步进功能。使用STL指令编程的一般步骤：

（1）根据控制的具体要求绘制顺序控制功能图。

（2）列出现场信号与PLC软继电器编号对照表。

（3）将顺序控制功能图转换为梯形图（转换方法按照图4-34所示的处理方法来处理每一状态）。

（4）画出I/O接线图。

（5）写出梯形图对应的指令表。

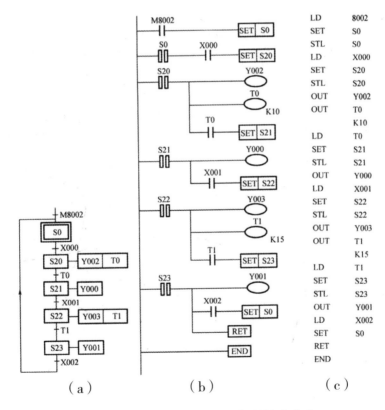

图4-35　顺序控制功能图、梯形图和指令表

（a）顺序控制功能图；（b）梯形图；（c）指令表

3. 单序列顺序控制的 STL 指令编程

单序列顺序控制的编程参见图 4-35。单序列顺序控制是由一系列相继执行的工序步组成，每一个工序步后面只能接一个转换条件，而每一转换条件之后仅有一个工序步。图 4-35（a）所示就是单序列顺序控制。每一个工序步即一个状态，用一个状态继电器进行控制，各工序步所使用的状态继电器没有必要一定按顺序进行编号（其他的序列也是如此）。此外，状态继电器也可作为状态转移条件。

4. 选择序列顺序控制的 STL 指令编程

（1）选择性分支与汇合的特点

顺序控制功能图中，选择序列的开始（或从多个分支流程中选择某一个单支流程）称为选择性分支。图 4-36（a）为具有选择性分支的顺序控制功能图，其转换符号和对应的转换条件只能标在水平连线之下。如果 S20 是活动步，此时若转换条件 X001，X002，X003 三个中任意一个为"1"，则活动步就转向转换条件满足的那条支路。例：X002=1，此时由步 S20→步 S31 转移，只允许同时选择一个序列。注意：选择性分支，当其前级步为活动步时，各分支的转换条件只允许一个首先成立。

选择性序列的结束称为汇合或合并，如图 4-36（b）所示，几个选择性序列合并到一个公共的序列时，用需要重新组合的序列数量，相同的转换符号和水平连线来表示，转换符号和对应的转换条件只允许标在水平连线之上。如果 S39 是活动步，且转换条件 X011=1，则发生由步 S39→步 S50 转移。

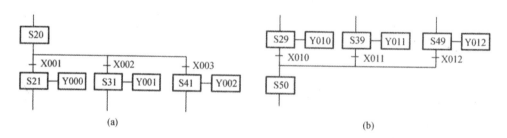

图 4-36　选择性分支、汇合顺序控制功能图

（a）选择性分支；（b）选择性汇合

（2）选择性分支与汇合的编程

选择性分支编程时，先进行负载驱动处理，然后设置转移条件，从左到右逐个编程，如图 4-37 所示。在图 4-37（a）中，在 S20 之后有三个选择分支。当 S20 是活动步（S20=1）时，转换条件 X001、X002、X003 中任何一个条件满足，则活动步根据条件进行转移，若 X002=1，此时活动步转向 S31，在对应的梯形图中，有并行供选择的支路画出。选择性汇合的编程如图 4-38 所示。编程时先要进修汇合前状态的输出处理，然后向汇合状态转移，此后从左到右进行汇合转移。可见梯形图中出现了三个，即每一分支都汇合到 S50。

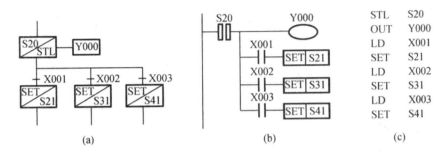

图 4-37　选择性分支的编程

（a）顺序控制功能图；（b）梯形图；（c）指令表

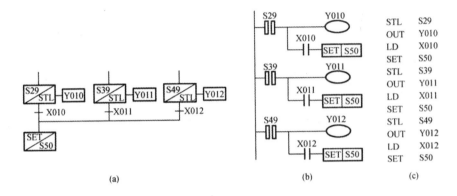

图 4-38　选择性汇合的编程

（a）顺序控制功能图；（b）梯形图；（c）指令表

注意：选择性分支、汇合编程时，同一状态继电器的 STL 触点只能在梯形图中出现一次。

5. 并行序列顺序控制的 STL 指令编程

（1）并行性分支与汇合的特点

并行性分支是指同时处理的程序流程。并行性分支与汇合的功能如图 4-39 所示。并行性分支的三个单序列同时开始且同时结束，构成并行性序列的每一分支的开始和结束处没有独立的转换条件，而是共用一个转换和转换条件，在功能图上分别画在水平连线的之上和之下。为了与选择序列的功能图相区别，并行序列功能图中分支、汇合处的横线画成双线。

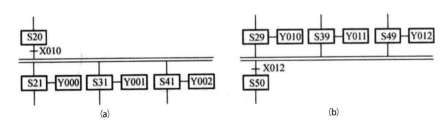

图 4-39　并行性分支、汇合顺序控制功能图

（a）并行性分支；（b）并行性汇合

（2）并行性分支与汇合的编程

并行性分支的编程如图 4-40 所示，在编程时，先进行负载驱动处理，然后进行转移处理。转移处理要从左至右依次进行。并行性汇合的编程如图 4-41 所示，编程时先进行负载驱动处理，然后进行转移处理，转移处理要从左至右依次进行。并行性汇合处编程时采用三个 STL 触点串联，再串接转换条件 X010 置位 S50，使 S50 成为活动步，从而实现并行序列的合并，如图 4-41（b）所示。在 4-41（c）指令表中，并行性汇合处，连续三次使用 STL 指令。一般情况下，STL 指令最多只能连续使用 8 次。

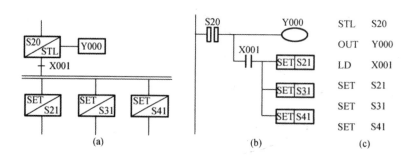

图 4-40　并行性分支的编程

（a）顺序控制功能图；（b）梯形图；（c）指令表

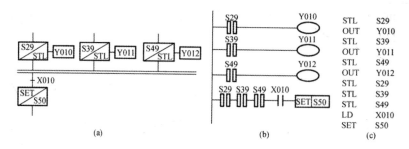

图 4-41　并行汇合的编程

（a）顺序控制功能图；（b）梯形图；（c）指令表

6.STL 指令编程举例

例如，某锅炉的鼓风机和引风机的控制要求如下：开机时，先启动引风机，10 s 后开鼓风机；停机时，先关鼓风机，5 s 后关引风机。试设计满足上述要求的控制程序。输入 / 输出分配表见表 4-3。

表 4-3　输入 / 输出分配表

类别	低压电器	PLC 元件	功能
输入	SB1	X000	按动按钮
	SB2	X001	停止按钮
输出	KM1	Y000	控制引风机接触器
	KM2	Y001	控制鼓风机接触器

根据控制要求绘制顺序控制功能图，如图 4-42（a）所示。

用步进指令将顺序控制功能图转化为梯形图程序如图 4-42（b）所示。

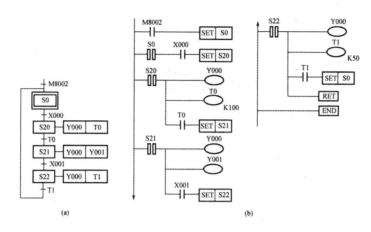

图 4-42　鼓风机和引风机的顺序控制功能图和梯形图

（a）顺序控制功能图；（b）梯形图

模块五
PLC 控制系统设计

模块概述

目前，PLC 的应用领域越来越广泛。特别是在许多新建项目和设备的技术改造中，常常采用 PLC 作为控制装置。

教学目标

重点掌握 PLC 控制系统设计的步骤、内容及选择方法、了解 PLC 在使用中应注意的问题、PLC 与网络通信。

项目一　PLC 控制系统的内容与步骤

PLC 控制系统设计主要通过本课程及相关课程的基本理论知识、基本原理和 技能去解决实际问题，进一步培养和提高学生设计、查找和使用相关文献资料、实际动手等综合能力。如何根据一个实际的工业控制项目，完成 PLC 控制系统的设计，使之最大限度地满足机械设备或生产工艺的要求，是学习 PLC 的根本目的，应结合 PLC 的控制技术的特点，进行比较深入的研究与实训。PLC 控制系统的设计就是通过一些浅显易懂的工程实例，从工程和操作的角度，尽可能全面地综合考虑问题和处理问题，进而完成 PLC 控制系统的设计。

一、PLC 控制系统设计的基本原则

任何一种电气控制系统都是为了实现生产设备或生产过程的控制要求和工艺需要，从而提高产品质量和生产效率。因此，在设计 PLC 控制系统时，应遵循以下基本原则：

（1）充分发挥 PLC 功能，最大限度地满足被控对象的控制要求。

（2）在满足控制要求的前提下，力求使控制系统简单、经济、适用及维护方便。

（3）保证控制系统的安全可靠。

（4）应考虑生产的发展和工艺的改进，在选择 PLC 的型号、I/O 点数和存储容量时，应留有适当的余量，以利于系统的调整和扩充。

二、PLC 控制系统设计的内容

PLC 控制系统设计的主要内容包括以下几方面：

（1）分析控制对象，明确设计任务和要求。

（2）选定 PLC 的型号，对控制系统的硬件进行配置。

（3）选择所需的 I/O 模块，编制 PLC 的 I/O 分配表和 I/O 端子接线图。

（4）根据系统设计要求编写程序规格要求说明书，再用相应的编程语言进行程序设计。

（5）设计操作台、电气柜，选择所需的电气元件。

（6）编写设计说明书和操作使用说明书。

根据具体控制对象，上述内容可以适当调整。

三、PLC 控制系统设计的步骤

由于 PLC 的结构和工作方式与一般微型计算机和继电器相比有所不同，所以其设计的步骤也不相同，具体设计步骤如下。

1.熟悉被控对象，制定控制方案

分析被控对象的工艺过程及工作特点，了解被控对象机、电、液之间的配合，确定被控对象对 PLC 控制系统的控制要求。

2.确定 I/O 设备

根据系统控制要求，确定用户所需的输入设备（如按钮、行程开关、选择开关等）和输出设备（如接触器、电磁阀、信号指示灯等），由此确定的 I/O 点数。

3.选择 PLC

选择时主要包括 PLC 机型、容量、I/O 模块、电源的选择。

4.分配 PLC 的 I/O 地址

根据生产设备现场需要，确定控制按钮，选择开关、接触器、电磁阀、信号指示灯等各种输入输出设备的型号、规格、数量；根据所选的 PLC 型号，列出 I/O 设备与 I/O 端子的对照表，以便绘制 PLC 外部 I/O 接线图和编制程序。

5.设计软件及硬件

设计软件及硬件包括 PLC 程序设计、控制柜（台）等硬件的设计及现场施工。由于程序与硬件设计可同时进行，因此 PLC 控制系统的设计周期可大大缩短，而对于继电器接触器控制系统必须先设计出全部的电气控制线路后才能进行施工设计。

PLC 程序设计的一般步骤如下。

（1）对于较复杂系统，需要绘制系统的功能图；对于简单的控制系统也可省去这一步。

（2）设计梯形图程序。

（3）根据梯形图编写指令表程序。

（4）对程序进行模拟调试及修改，直到满足控制要求为止。调试过程中，可采用分段调试的方法，并利用编程器的监控功能。

硬件设计及现场施工的步骤如下。

（1）设计控制柜及操作面板电器布置图及安装接线图。

（2）控制系统各部分的电气互连图。

（3）根据图样进行现场接线，并检查。

6．联机调试

联机调试是指将模拟调试通过的程序进行在线统调。开始时，先带上输出设备（接触器线圈、信号指示灯等），不带负载进行调试。利用编程器的监控功能，采用分段调试的方法进行。各部分都调试正常后，再带上实际负载运行，如不符合要求，则对硬件和程序作调整。通常只需修改部分程序即可。

7．整理技术文件

整理技术文件包括整理设计说明书、电气安装图、电气元件明细表及使用说明书等。

项目二 PLC 控制系统设备的选择与工艺设计

一、PLC 控制系统设备的选择

PLC 的品种繁多，其结构形式、性能、容量、指令系统、编程方式、价格等各有不同，适用的场合也各有侧重。因此，合理选择 PLC，对于提高 PLC 控制系统技术经济指标有着重要意义。下面从 PLC 的机型选择、容量选择、I/O 模块选择、电源模块选择等方面进行具体介绍。

1.PLC 的机型选择

PLC 机型选择主要考虑结构、功能、统一性等几个方面。在结构方面对于工艺过程比较固定，环境条件较好的场合，一般维修量较小，可选用整体式结构的 PLC。其他情况可选用模块式的 PLC。功能方面一般小型（低档）PLC 具有逻辑运算、定时、计数等功能，对于只需要开关量控制的设备都可满足。对于以开关量为主，带少量模拟量控制的系统，可选用带 A/D、D/A 转换，加减运算和数据传送功能的增强型低档 PLC。而对于控制比较复杂，要求实现 PID 运算、闭环控制、通信联网等功能的系统，可视控制规模及其复杂程度，选用中档或高档 PLC。但是中、高档 PLC 价格较贵，一般大型机主要用于大规模过程控制和集散控制系统等场合。为了实现资源共享，采用同一机型的 PLC 配置，配以上位机后，可把控制各个独立系统的多台 PLC 连成一个多级分布式控制系统，相互通信，集中管理。

2.PLC 的容量选择

PLC 的容量包括 I/O 点数和用户存储容量两个方面。

（1）I/O 点数

PLC 的 I/O 点的价格比较高，因此应该合理选用 PLC 的 I/O 点的数量，在满足控制要求的前提下力争使 I/O 点最少，但必须留有一定的备用量。通常 I/O 点数是根据被控对象的输入、输出信号的实际需要，再加上 10% ~ 15% 的备用量来确定。

（2）用户存储容量

用户存储容量是指 PLC 用于存储用户程序的存储器容量。用户存储容量的大小由用户程序的长短决定。

一般可按下式估算，再按实际需要留适当的余量（20% ~ 30%）来选择。

$$存储容量 = 开关量 I/O 点总数 \times 10 + 模拟量通道数 \times 100$$

3.I/O 模块选择

一般 I/O 模块的价格占 PLC 价格的一半以上。不同的 I/O 模块，其电路及功能也不同，

直接影响应用范围。下面仅介绍有开关量 I/O 模块的选择。

（1）开关量输入模块的选择

PLC 的输入模块是用来检测接收现场输入设备的信号，并将输入的信号转换为 PLC 内部接受的低电压信号。常用的开关量输入模块的信号类型有三种：直流输入、交流输入和交流/直流输入。选择时一般根据现场输入信号及周围环境来决定。交流输入模块接触可靠，适合于有油雾、粉尘等恶劣环境下使用；直流输入模块的延迟时间较短，可以直接与接近开关、光电开关等电子输入设备连接。

开关量输入模块按输入信号的电压大小分有直流 5 V、12 V、24 V、48 V、60 V 等；交流 110 V、220 V 等。选择时应根据现场输入设备与输入模块之间的距离来决定。一般 5 V、12 V、24 V 用于传输距离较近的场合，较远的应选用电压等级较高的模块。

（2）开关量输出模块的选择

PLC 的输出模块是将 PLC 内部低电压信号转换为外部输出设备所需的驱动信号。选择时主要应考虑负载电压的种类和大小、系统对延迟时间的要求、负载状态变化是否频繁等。对于开关频率高、电感性、低功率因数的负载，适合使用晶闸管输出模块，但模块价格较高，过载能力稍差。继电器输出的价格便宜，既可以用于驱动交流负载，又可用于直流负载，而且适用的电压范围较宽、导通压降小，同时承受瞬时过电压和过电流的能力较强。但它属于有触点元件，其动作速度较慢、寿命短，可靠性较差，因此，只能适用于不频繁通断的场合。当用于驱动感性负载时，其触点动作频率不超过 1 Hz。

4．电源模块的选择

电源模块的选择只需考虑电源的额定输出电流即可。电源模块的额定电流必须大于 CPU 模块、I/O 模块以及其他模块的总消耗电流。电流模块选择仅对于模块式结构的 PLC 而言，对于整体式 PLC 不存在电源的选择。

二、PLC 控制系统的工艺设计

PLC 控制系统的工艺设计包括 PLC 供电系统的设计、电气柜结构设计和现场布置图设计等。

1.PLC 供电系统的设计

（1）电源进线处应该设置紧急停止 PLC 的硬线主控继电器，它可以专用一只零压继电器，也可以借用液压泵电机接触器的常开触点。

（2）用户电网电压波动较大或附近有大的电磁干扰源，需在电源与 PLC 间加设隔离变压器或电源滤波器，使用隔离变压器的供电。

（3）当输入交流电断电时，应不破坏控制器程序和数据，故使用 UPS 供电。

（4）在控制系统不允许断电的场合，考虑供电电源的冗余，采用双路供电。

2．电气柜结构设计

PLC 的主机和扩展单元可以和电源断路器、控制变压器、主控继电器以及保护电器一起安装在控制柜内，既要防水、防粉尘、防腐蚀，又要注意散热，若 PLC 的环境温度大于 550 ℃时，要用风扇强制冷却。

与 PLC 装在同一个开关柜内、但不是由 PLC 控制的电感性元件，如接触器的线圈，应并联消弧电路，保证 PLC 不受干扰。

PLC 在柜内应远离动力线，两者之间的距离应大于 200 mm，PLC 与柜壁间的距离不得小于 100 mm，与顶盖、底板间距离要在 150 mm 以上。

3．现场布置图设计

（1）可接在自来水管或房屋钢筋构件上，但允许多个 PLC 机或与弱电系统共用接地线，接地线应尽量靠近 PLC 主机。

（2）敷设控制线时要注意与动力线分开敷设（最好保持 200 mm 以上的距离），分不开时要加屏蔽措施，屏蔽要有良好接地。控制线要远离有较强的电气过渡现象发生的设备（如晶闸管整流装置、电焊机等）。交流线与直流线、输入线与输出线都最好分开走线。开关量、模拟量 I/O 线最好分开敷设，后者最好用屏蔽线。

项目三　节省 I/O 点的方法

PLC 在实际应用中经常会碰到两个问题：一是 PLC 的输入或输出点数不够，需要扩展，而增加扩展单元将提高成本；二是选定的 PLC 可扩展输入或输出点数有限，无法再增加。因此，在满足系统控制要求的前提下，合理使用 I/O 点数，尽量减少所需的 I/O 点数是很有意义的。这不仅可以降低系统硬件成本，还可以解决已使用的 PLC 进行再扩展时 I/O 点数不够的问题。下面给出一些常用的减少 PLC 输入输出点数的方法。

一、减少输入点数的方法

1. 减少输入点数的方法

一般来说 PLC 的输入点数是按系统的输入设备或输入信号的数量来确定，但实际应用中，经常通过以下方法，可达到减少 PLC 输入点数的目的。

（1）分时分组输入

一般控制系统都存在多种工作方式，但各种工作方式又不可能同时运行。所以，可将这几种工作方式分别使用的输入信号分成若干组，PLC 运行时只会用到其中的一组信号。因此，各组输入可共用 PLC 的输入点，这样就使所需的 PLC 输入点数减少。

如图 5-1 所示，系统有"自动"和"手动"两种工作方式。将这两种工作方式分别使用的输入信号分成两组："自动输入信号 S1 ～ S8""手动输入信号 Q1 ～ Q8"。两组输入信号共用 PLC 输入点 X000 ～ X007（如 S1 与 Q1 共用 PLC 输入点 X000）。用"工作方式"选择开关 SA 来切换"自动"和"手动"信号输入电路，并通过 X010 让 PLC 识别是"自动"信号，还是"手动"信号，从而执行自动程序或手动程序。

（2）输入触点的合并

将某些功能相同的开关量输入设备合并输入。如果是常闭触点则串联输入；如果是常开触点则并联输入。这样就只占用 PLC 的一个输入点。一些保护电路和报警电路就常常采用这种输入方法。

例如，某负载可在多处启动和停止，可以将三个启动信号并联，将三个停止信号串联，分别送给 PLC 的两个输入点，如图 5-2 所示。与每一个启动信号和停止信号占用一个输入点的方法相比，不仅节省了输入点，还简化了梯形图。

二、减少输出点数的方法

（1）分组输出

若两组负载不会同时工作，可通过外部转换开关或通过受 PLC 控制的电器触点进行切换，这样 PLC 的每个输出点可以控制两个不同时工作的负载，如图 5-3 所示。KM1、

KM3、KM5，KM2、KM4、KM6 这两组不会同时接通，可用外部转换开关 SA 进行切换。

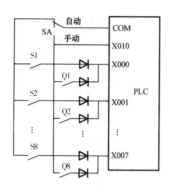

图 5-1　分时分组输入

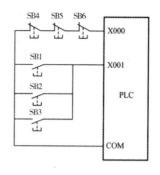

图 5-2　输入触点合并

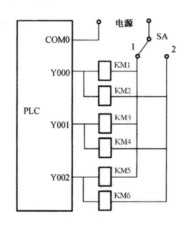

图 5-3　分组输出

（2）并联输出

两个通断状态完全相同的负载，可并联后共用 PLC 的一个输出点。但要注意输出点同时驱动多个负载时，应考虑 PLC 输出点的驱动能力是否足够。

（3）负载多功能化

一个负载实现多种用途。例如，在传统的继电器电路中，一个指示灯只指示一种状态。而在 PLC 系统中，利用 PLC 编程功能，很容易实现用一个输出点控制指示灯的常亮和闪烁，这样一个指示灯就可以表示两种不同的信息，从而节省了输出点数。

（4）某些输出设备可不进 PLC

系统中某些相对独立、比较简单的部分可考虑直接用继电器电路控制。

项目四　PLC 应用中的常见问题

一、对 PLC 某些输入信号处理

当 PLC 输入设备采用两线式传感器（如接近开关等）时，它们的漏电流较大，可能会出现错误的输入信号，为了避免这种现象，可在输入端并联旁路电阻 R，如图 5-4 所示。

如果 PLC 输入信号由晶体管提供，则要求晶体管的截止电阻应大于 $10\ k\Omega$，导通电阻应小于 $800\ \Omega$。

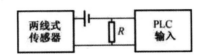

图 5-4　两线式传感器输入处理

二、PLC 的安全保护

1. 短路保护

当 PLC 输出控制的负载短路时，为了避免 PLC 内部的输出元器件损坏，应该在 PLC 输出的负载回路中加装熔断器，进行短路保护。

2. 感性输入／输出的处理

PLC 的输入端和输出端常接有感性元器件。如果是直流电感性负载，应在电感性负载两端并联续流二极管；若是交流电感性负载，应在其两端并联阻容吸收回路，从而抑制电路断开时产生的电弧对 PLC 内部 I/O 元器件的影响，如图 5-5 所示。

图 5-5 中的电阻值可取 $50\sim120\ \Omega$；电容值可取 $0.1\sim0.47\ \mu F$，电容的额定电压应大于电源的峰值电压；续流二极管可选用额定电流为 $1\ A$、额定电压大于电源电压的 $2\sim3$ 倍。

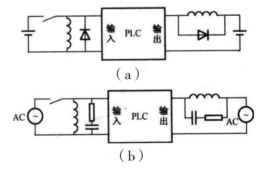

（a）

（b）

图 5-5　感性输入／输出的处理

(a) 直流感性输入；(b) 交流感性输入

3. 供电系统的保护

PLC 一般都使用单相交流电（220 V，50 Hz），电网的冲击、频率的波动将直接影响到实时控制系统的精度和可靠性。电网的瞬间变化可产生一定的干扰，并传播到 PLC 系统中，电网的冲击甚至会给整个系统带来毁灭性的破坏。为了提高系统的可靠性和抗干扰性能，在 PLC 供电系统中一般采用隔离变压器、交流稳压器、UPS 电源和晶体管开关电源等措施。

（1）隔离变压器的一次（侧）和二次（侧）之间采用隔离屏蔽层，用漆包线或铜等非导磁材料绕成。一次（侧）和二次（侧）间的静电屏蔽层与一次（侧）和二次（侧）间的零电位线相接，再用电容耦合接地。PLC 供电系统采用隔离变压器后，可以隔离掉供电电源中的各种干扰信号，从而提高系统的抗干扰性能。

（2）为了抑制电网电压的起伏，PLC 系统中设置有交流稳压器。在选择交流稳压器时，其容量要留有余量，余量一般可按实际最大需求容量的 30% 计算。这样，一方面可充分保证交流稳压器的稳压特性，另一方面有助于其可靠工作。在实际应用中，有些 PLC 对电源电压的波动具有较强的适应性，此时为了减少开支，也可不采用交流稳压器。

（3）在一些实时控制中，系统的突然断电会造成较严重的后果，此时就要在供电系统中加入 UPS 电源供电，PLC 的应用软件可进行一定程度的断电处理。当突然断电后，可自动切换到 UPS 电源供电，并按工艺要求进行一定的处理，使生产设备处于安全状态。在选择 UPS 电源时，也要注意所需的功率容量。

（4）晶体管开关电源用调节脉冲宽度的办法调整直流电压。这种开关电源在电网或其他外加电源电压变化很大时，对其输出电压并没有多大影响，从而提高了系统抗干扰的能力。

项目五　提高 PLC 控制系统可靠性措施

PLC 是专为在工业环境下应用而设计，其显著特点之一就是可靠性高。为了提高 PLC 的可靠性，PLC 本身在软、硬件上均采取了一系列抗干扰措施，在一般工厂内使用完全可以可靠地工作，一般平均无故障时间可达几万小时。但这并不意味着 PLC 的环境条件及安装使用可以随意处理。在过于恶劣的环境条件下，如强电磁干扰、超高温、超低温、过欠电压等情况，或安装使用不当等，都可能导致 PLC 内部存储信息的破坏，引起控制紊乱，严重时还会使系统内部的元器件损坏。为了提高 PLC 控制系统运行的可靠性，必须选择合理的抗干扰措施，使系统正常可靠地工作。

一、PLC 控制系统干扰的主要来源

1. 空间的辐射干扰

空间的辐射电磁场（EMI）主要由电力网络、电气设备的暂态过程、雷电、无线电广播、电视、雷达、高频感应加热设备等产生，通常称为辐射干扰，其分布极为复杂。其影响主要通过两条路径：一是直接对 PLC 内部的辐射，由电路感应产生干扰；二是对 PLC 通信网络的辐射，由通信线路的感应引入干扰。辐射干扰与现场设备布置及设备所产生的电磁场大小特别是频率有关。

2. 电源的干扰

因电源引入的干扰造成 PLC 控制系统故障的情况很多，更换隔离性能好的 PLC 电源，才能解决问题。PLC 系统的正常供电电源均由电网供电。由于电网覆盖范围广，它将受到所有空间电磁干扰而在线路上感应电压和电流。尤其是电网内部的变化，如开关操作浪涌、大型电力设备起停、交直流传动装置引起的谐波、电网短路暂态冲击等，都通过输电线路传到电源原边。

3. 信号线引入的干扰

与 PLC 控制系统连接的各类信号传输线，除了传输有效的各类信息外，总会有外部干扰信号侵入。

此干扰主要有两种途径：一是通过变送器供电电源或共用信号仪表的供电电源串入的电网干扰，这往往被忽视；二是信号线受空间电磁辐射感应的干扰，即信号线上的外部感应干扰，这是很严重的。由信号引入干扰会引起 I/O 信号工作异常，大大降低测量精度，严重时将引起元器件损伤。对于隔离性能差的系统，还将导致信号间互相干扰，引起共地系统总线回流，造成逻辑数据变化、误动和死机。PLC 控制系统因信号引入干扰造成 I/O

模件损坏相当严重，由此引起系统故障的情况也很多。

4．接地系统混乱的干扰

PLC控制系统正确的接地，是为了抑制电磁干扰的影响，又能抑制设备向外发出干扰；而错误的接地，反而会引入严重的干扰信号，使PLC系统无法正常工作。PLC控制系统的地线包括系统地、屏蔽地、交流地和保护地等。这样会引起各个接地点电位分布不均，不同接地点间存在地电位差，引起地环路电流，影响系统正常工作。例如电缆屏蔽层必须一点接地，如果电缆屏蔽层两端A、B都接地，就存在地电位差，有电流流过屏蔽层，当发生异常情况时，地线电流将更大。

屏蔽层、接地线和大地也有可能构成闭合环路，在变化磁场的作用下，屏蔽层内会出现感应电流，通过屏蔽层和芯线之间的耦合干扰信号回路。若系统地与其他接地处理混乱，所产生的地环流就可能在地线上产生电位分布，影响PLC内逻辑电路和模拟电路的正常工作。PLC工作的逻辑电压干扰容限较低，逻辑地电位的分布干扰容易影响PLC的逻辑运算和数据存贮，造成数据混乱、程序跑飞或死机。模拟地电位的分布将导致测量精度下降，引起信号测控失真和误动作。

5．PLC系统内部的干扰

主要由系统内部元器件及电路间的相互电磁辐射产生，如逻辑电路相互辐射及其对模拟电路的影响，模拟地与逻辑地的相互影响及元器件间的相互不匹配使用等。要选择具有较多应用实绩或经过考验的系统。

二、抗干扰措施

1．硬件抗干扰措施

（1）PLC控制系统的工作环境

温度：PLC要求环境温度在0～55℃。安装时不能放在发热量大的元件附近，四周有足够大的通风散热空间；基本单元与扩展单元双列安装时要有30 mm以上的距离；开关柜上、下部应有通风的百叶窗，防止太阳直接照射。如果环境温度超过55℃要设法强迫降温。

湿度：一般应小于85%，以保证PLC有良好的绝缘性。

震动：应使PLC远离强烈的震动源。防止振动频率为10～55 kHz的频繁或连续振动。当使用环境不可避免震动时，必须采取减震措施。

空气：避免有腐蚀和易燃气体，例如氯化氢、硫化氢等。对于空气中有较多粉尘或腐蚀性气体的环境，可将PLC安装在封闭性较好的控制室或控制柜中，并安装空气净化装置。

电源：PLC采用单相工频交流电源供电时，对电压的要求不严格，也具有较强的抗电源干扰能力。对于可靠性要求很高或干扰较强的环境，可以使用带屏蔽层隔离变压器减少电源干扰。一般PLC都有直流24 V输出提供给输入端，当输入端使用外接直流电源时，应选用直流稳压电源。因为普通的整流滤波电源，由于波纹的影响，容易使PLC接收到错误信息。

（2）安装与布线

动力线、控制线以及 PLC 的电源线和 I/O 线应分别配线，隔离变压器与 PLC 和 I/O 之间应采用双绞线连接。PLC 应远离强干扰源如电焊机、大功率硅整流装置和大型动力设备，不能与高压电器安装在同一个开关柜内。PLC 的输入与输出最好分开走线，开关量与模拟量信号线也要分开敷设。模拟量信号的传送采用屏蔽线，屏蔽层应一端或两端接地，接地电阻应小于屏蔽层电阻的 1/10。PLC 基本单元与扩展单元以及功能模块的连接线缆应用单独敷设，以防外界信号干扰。交流输出线和直流输出不要用同一个根电缆，输出线应尽量远离高电压线和动力线。

（3）I/O 端的接线

输入接线：输入接线一般不要超过 30 m，但如果环境干扰较小，电压降不大时，输入接线可适当长些。输入 / 输出线不能用同一根电缆，输入 / 输出线要分开。尽可能采用常开触点形式连接到输入端，使编制的梯形图与继电器原理图一致，便于阅读。

输出接线：输出端接线分为独立输出和公共输出。在不同组中，可采用不同类型和电压等级的输出电压，但在同一组中的输出只能用于同一类型、同一电压等级的电源。

由于 PLC 的输出元件被封装在印制电路板上，并且连接至端子板，若将连接输出元件的负载短路，将烧毁印制电路板，因此，应用熔丝保护输出元件。

采用继电器输出时，所承受的电感性负载的大小，会影响到继电器的工作寿命，因此使用电感性负载时应选择工作寿命较长的继电器。

（4）PLC 的接地

良好的接地是保证 PLC 可靠性工作的重要条件，可以避免偶然发生的电压冲击危害。PLC 的接地线与设备的接地端相连，接地线的截面积应不小于 2 mm^2，接地电阻要小于 100 Ω；如果要扩展单元，其接地点应与基本单元的接地点连在一起。为了有效抑制加在电源和输入、输出端的干扰，应给 PLC 接上专用的地线，接地点应与动力设备的接地点分开；如果达不到这种要求，也必须做到与其他设备公共接地，接地点要尽量靠近 PLC，严禁 PLC 与其他设备串联接地。

2. 软件抗干扰措施

硬件抗干扰措施的目的是尽可能地切断干扰进入控制系统，但由于干扰存在随机性，尤其是在工业生产环境下，硬件抗干扰措施并不能将各种干扰完全拒之门外，这时，可以发挥软件的灵活性与硬件措施相结合来提高系统的抗干扰能力。

（1）利用"看门狗"方法对系统的运动状态进行监控

PLC 内部具有丰富的软元件，如定时器、计数器、辅助继电器等，利用它们来设计一些程序，可以屏蔽输入元件的误信号，防止输出元件的误动作。在设计应用程序时，可以利用"看门狗"方法实现对系统各组成部分运行状态的监控。如用 PLC 控制某一运动部件时，编程时可定义一个定时器作"看门狗"用，对运动部件的工作状态进行监视。定时器的设定值，为运动部件所需要的最大可能时间。在发出该部件的动作指令时，同时启动"看门狗"

定时器。若运动部件在规定时间内达到指定位置，发出一个动作完成信号，使定时器清零，说明监控对象工作正常；否则，说明监控对象工作不正常，发出报警或停止工作信号。

（2）消抖

振动环境中，行程开关或按钮常常会因为抖动而发出误信号，一般的抖动时间都比较短，针对抖动时间短的特点，可用 PLC 内部计时器经过一定时间的延时，得到消除抖动后的可靠有效信号，从而达到抗干扰的目的。

（3）用软件数字滤波的方法提高输入信号的信噪比

为了提高输入信号的信噪比，常采用软件数字滤波来提高有用信号真实性。对于有大幅度随机干扰的系统，采用程序限幅法，即连续采样五次，若某一次采样值远远大于其他几次采样的幅值，那么就舍去之。对于流量、压力、液面、位移等参数，往往会在一定范围内频繁波动，则采用算术平均法。即用 n 次采样的平均值来代替当前值。一般认为：流量 $n= 12$，压力 $n= 4$ 最合适。对于缓慢变化信号如温度参数，可连续三次采样，选取居中的采样值作为有效信号。对于具有积分器 A/D 转换来说，采样时间应取工频周期（20 ms）的整数倍。实践证明其抑制工频干扰能力超过单纯积分器的效果。

项目六　PLC 于网络通信

PLC 通信包括 PLC 之间、PLC 与上位计算机之间、PLC 和其他智能设备之间的通信。PLC 相互之间的连接，使众多相对对立的控制任务构成一个控制工程整体，形成模块控制体系；PLC 与计算机的连接，将 PLC 用于现场设备直接控制，计算机用于编程、显示、打印和系统管理，构成"集中管理，分散控制"的分布式控制系统（DCS）满足工厂自动化（FA）系统发展的需要。

1. 联网目的

PLC 联网就是为了提高系统的控制功能和范围，将分布在不同位置的 PLC 之间、PLC 与计算机、PLC 与智能设备通过传送介质连接起来，实现通信，以构成功能更强的控制系统。现场控制的 PLC 网络系统，极大地提高了 PLC 的控制范围和规模，实现了多个设备之间的数据共享和协调控制，提高了控制系统的可靠性和灵活性，增加了系统监控和科学管理水平，便于用户程序的开发和应用。

2. 网络结构

网络结构又称为网络拓扑结构，它主要指如何从物理上把各个节点连接起来形成网络。常用的网络结构包括链接结构、联网结构。

（1）链接结构

该结构较简单，它主要指通过通信接口和通信介质（如电缆线等）把两个节点链接起来。链接结构按信息在设备间的传送方向可分为单工通信方式、半双工通信方式、全双工通信方式。

假设有两个节点 A 和 B，单工通信方式是指数据传送只能由 A 流向 B，或只能由 B 流向 A。半双工通信方式是指在两个方向上都能传送数据，即对某节点 A 或 B 既能接收数据，也能发送数据，但在同一时刻只能朝一个方向进行传送。全双工通信方式是指同时在两个方向上都能传送数据的通信方式。

由于半双工和全双工通信方式可实现双向数据传输，故在 PLC 链接及联网中较为常用。

（2）联网结构

指多个节点的连接形式，常用连接方式有三种，如图 5-6 所示。

①星形结构。该结构只有一个中心节点，网络上其他各节点都分别与中心节点相连，通信功能由中心节点进行管理，并通过中心节点实现数据交换。

②总线结构。这种结构的所有节点都通过相应硬件连接到一条无源公共总线上，任何一个节点发出的信息都可沿着总线传输，并被总线上其他任意节点接收。它的传输方向是从发送节点向两端扩散传送。

③环形结构。该结构中的各节点通过有源接口连接在一条闭合的环形通信线路中，是点对点式结构，即一个节点只能把数据传送到下一个节点。若下一个节点不是数据发送的目的节点，则再向下传送直到目的节点接收为止。

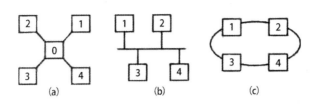

图 5-6　联网结构示意图

（a）星形结构；（b）总线结构；（c）环形结构

3. 网络通信协议

在通信网络中，各网络节点，各用户主机为了进行通信，就必须共同遵守一套事先制定的规则，称为协议。1979 年国际标准化组织（ISO）提出了开放式系统互连参考模型 ISO，该模型定义了各种设备连接在一起进行通信的结构框架。网络通信协议共有七层，从低到高分别是物理层、数据链路层、网络层、传输层、会话层、表示层、应用层。

4. 通信方式

（1）并行数据传送与串行数据传送

①并行数据传送。并行数据传送时所有数据位同时进行，以字或字节为单位传送。并行传输速度快，但通信线路多、成本高，适合近距离数据高速传送。PLC 通信系统中，并行通信方式一般发生在内部各元件之间、基本单元与扩展模块或近距离智能模板的处理 器之间。

②串行数据传送。串行数据传送时所有数据按位进行。串行通信仅需要一对数据线就可以，在长距离数据传送中较为合适。PLC 网络传送数据的方式绝大多数为串行方式，而计算机或 PLC 内部数据处理、存储都并行。若要串行发送、接收数据则要进行相应的串行数据转换成并行数据后再处理。

（2）异步方式与同步方式

①异步方式。又称为起止方式。它靠起始位和波特率来保持同步，在发送字符时，要先发送起始位，然后才是字符本身，最后是停止位。字符之后还可以加入奇偶校验位。异步传送较为简单，但要增加传送位，将影响传输速率。

②同步方式。同步方式要在传送数据的同时，也传递时钟同步信号，并始终按照给定的时刻采集数据。同步方式传递数据虽提高了数据的传输速率，但对通信系统要求较高。

PLC 网络多采用异步方式传送数据。

5. 网络配置

网络配置与建立网络的目的、网络结构以及通信方式有关，但任何网络，其结构配置都包括硬件、软件两个方面。

硬件配置。硬件配置主要考虑两个问题：一是通信接口；二是通信介质。

（1）硬件配置

①通信接口。PLC 网络的通信接口多为串行接口，主要功能是进行数据的并行与串行转换，控制传送的波特率及字符格式，进行电平转换等。常用的通信接口有 RS–232、RS–422、RS–485。

RS~232 接口是计算机普遍配置的接口，其接口的应用既简单又方便。它采用串行的通信方式，数据传输速率低，抗干扰能力差，适用于传输速率和环境要求不高的场合。

RS–422 接口的传输线采用平衡驱动和差分接收的方法，电平变化范围为 12 V(±6 V)，因而它能够允许更高的数据传输速率，而且抗干扰性更高。它克服了 RS–232 接口容易产生共模干扰的缺点。RS–422 接口属于全双工通信方式，在工业计算机上配备的较多.

RS–485 接口是 RS–422 接口的简化，它属于半双工通信方式，依靠使能控制实现双方的数据通信。计算机一般不配 RS–485 接口，但工业计算机配备 RS–485 接口较多。PLC 的不少通信模块也配用 RS~485 接口。如 SIEMENS 公司的 S7 系列 CPU 均配置了 RS–485 接口。

②通信介质。通信接口主要靠介质实现相连，以此构成信道。常用的通信介质有：多股屏蔽电缆、双绞线、同轴电缆及光缆。此外，还可以通过电磁波实现无线通信。RS–485 接口多用双绞线实现连接。

（2）软件配置

要实现 PLC 的联网控制，就必须遵循一些网络协议。不同公司的机型，通信软件各不相同。软件一般分为两类：一类是系统编程软件，用以实现计算机编程，并把程序下载到 PLC，且监控 PLC 工作状态。如西门子公司的 SREP7–Mlcro/Win 软件。另一类为应用软件，各用户根据不同的开发环境和具体要求，用不同的语言编写的通信程序。

模块六

PLC 的实际应用

模块概述

　　本模块主要介绍可编程序控制器的实际应用，其具体内容包括：PLC 在电梯控制中的应用，PLC 在自动生产中的应用，PLC 在化工生产中的应用，PLC 在机械加工中的应用

教学目标

　　掌握 PLC 在各环境中的应用。

项目一　PLC 在电梯控制中的应用

　　电梯的种类多种多样，按拖动系统可分为交流单速/双速拖动电梯、交流调压调速电梯、直流发电机—电动机可控硅励磁拖动电梯和变频调压调速电梯等。按控制方式可分为有信号控制电梯、集选控制电梯和下集选控制电梯等。交流双速电梯是常用的一种电梯，它具有简单、经济且舒适等特点。本项目以交流双速控制电梯为例介绍 PLC 在电梯控制中的应用。电梯的控制内容很多，如电梯厢内、外按钮的控制，电梯运行到位开门、关门的控制，电梯运行速度的控制，电梯运行到位，每层指示灯、安全措施以及报警作用的控制等。本项目以一个三层楼的电梯厢内控制为例，介绍电梯的 PLC 控制设计。图 6-1 为三层楼电梯控制示意图。

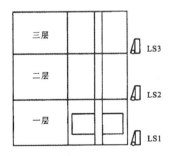

图 6-1　三层楼电梯控制示意图

电梯控制是一个随机控制系统，系统没有固定的控制顺序，其控制作用是根据 PLC 外部提出的控制要求（输入的信号）而实施的。

一、电梯控制系统的要求（F：呼叫开关）

（1）电梯在一层或二层时，出现三层呼叫（3F=ON）信号，则电梯上升，运行到三层，三层限位开关闭合（LS：限位开关，LS3=ON）后停止运行。

（2）电梯在一层时，出现二层呼叫（2F=ON）信号，则电梯上升，运行到二层，二层的限位开关闭合（LS2=ON）后停止运行。

（3）电梯在一层时，同时出现二层和三层的呼叫（2F=ON，3F=ON）信号，则电梯上升运行，先上升到二层（LS2=ON），暂停运行 2 s 后，再继续上升到三层，直到三层的限位开关闭合（LS3=ON），电梯停止运行。

（4）电梯在三层或二层时，出现一层呼叫（1F=ON）信号，则电梯下降运行，直到一层的限位开关闭合（LS1=ON），电梯停止下降运行。

（5）电梯在三层时，出现二层呼叫（2F=ON）信号，则电梯下降运行，直到二层的限位开关闭合（LS2=ON），电梯停止下降运行。

（6）电梯在三层时，同时出现二层和一层的呼叫（2F=ON、1F=ON）信号，则电梯下降运行；先到二层，暂停运行 2 s 后，电梯又继续下降，直到一层的限位开关闭合（LS1=ON），电梯停止运行。

（7）电梯在上升途中，任何下降呼叫均无效。

（8）电梯在下降途中，任何上升呼叫均无效。

（9）电梯到达每层的运行时间限定小于 10 s，超过 10 s，则电梯自动停止运行。

（10）采用 C 系列 P 型 PLC 实现控制。

二、电梯控制程序的设计

1. I/O 地址分配

输入地址：

· LS1 0000；

· LS2 0001；

· LS3 0002；

· 1F 0003；

· 2F 0004；

· 3F 0005。

输出地址

电梯上升 0500；

电梯下降 0501。

2. 逻辑设计

根据控制要求写出逻辑方程式：

电梯上升方程之一

$$0500=[（LS1+LS2）\cdot 3F+0500]\cdot \overline{LS3}$$

电梯上升方程之二

$$0500=（LS1\cdot 2F+0500）\overline{LS2}$$

电梯上升方程之三

$$0500=[（LS1\cdot 2F\cdot 3F+0500）\cdot \overline{LS2}+TIM00]\cdot \overline{LS3}$$

电梯上升方程之三表本：

启动 0500，控制电梯先上升到二层，暂停 2 s 后继续上升，到三层后停止。电梯暂停的时间（2s）由定时器 TIM00 控制。

0500 的启动条件为 LS1·2F·3F 及 TIM00，关闭条件为：$\overline{LS2}$ 和 $\overline{LS3}$。TIM00 由 LS2 驱动控制，电梯在二层暂停，LS2=1，启动 TIM00，延时 2 s 后，电梯继续上升，LS2 被释放，TIM00 复位。

电梯下降方程之一

$$0501=[（LS3+LS2）\cdot 1F+0501]\cdot \overline{LS1}$$

电梯下降方程之二

$$0501=（LS3\cdot 2F+0501）\cdot \overline{LS2}$$

电梯下降方程之三

$$0501=[（LS3\cdot 1F\cdot 2F+0501）LS2+TIM01]\cdot \overline{LS1}$$

电梯下降方程之三表示：

0501 的启动条件为 LS3·1F·2F 及 TIM01，关闭条件为 $\overline{LS1}$ 和 $\overline{LS2}$。TIM01 由 LS2 控制。控制电梯运行到二层，LS2 闭合 TIM01 得电，定时 2 s 后，TIM00 的动合触点闭合，0500 重新得电，电梯重新下降（LS2 释放使 TIM00 复位）直至 LS1 闭合。

为了使梯形图中的每一个梯级逻辑运算简便，将上面的逻辑方程组进行简化，首先用辅助继电器 M1000~1002、M1004~1006 分别表示上升和下降的逻辑方程组。

1000 代表 0500 之一

$$1000=[（LS1+LS2）3F+1000]\overline{LS3}$$

1001 代表 0500 之二

$$1001=（LS1\cdot 2F+1001）\overline{LS2}$$

1002 代表 0500 之三

$$1002=[（LS1\cdot 2F\cdot 3F+1002）\overline{LS2}+TIM00]\overline{LS3}$$

1004 代表 0501 之一

$$1004=[（LS3+LS2）1F+1004]\overline{LS1}$$

1005 代表 0501 之二

$$1005=(LS3 \cdot 2F+1005)\overline{LS2}$$

1006 代表 0501 之三

$$1006=[(LS3 \cdot 1F \cdot 2F+1006)\overline{LS2}+TIM01]\overline{LS1}$$

再将经过以上处理的方程相加,可得到 0500 和 0501 的逻辑简化方程为:

$$0500=(1000+1001+1002)\overline{TIM02} \cdot \overline{0501}$$

$$0501=(1004+1005+1006)\overline{TIM02} \cdot \overline{0501}$$

用辅助继电器 M1003 和 M1007 分别控制 TIM00 和 TIM01:

$$1003=(LS2 \cdot \overline{1002}+1003)\overline{TIM00}$$

$$TIM00=1003$$

$$1007=(LS2 \cdot \overline{1006}+1007)\overline{TIM00}$$

$$TIM01=1007$$

$$TIM01=\overline{LS1} \cdot \overline{LS2} \cdot \overline{LS3}$$

通过在 0500 的逻辑式中串接 0501 的动断触点,在 0501 逻辑式中串接 0500 的动断触点,保证在 0500 动作时不允许 0501 动作、在 0501 动作时也不允许 0500 动作,实现互锁作用。

采用 $\overline{LS1}$、$\overline{LS2}$、$\overline{LS3}$ 控制 TIM02,在电梯离开某层时,TIM02 得电开始定时。在电梯正常运行的情况下,10s 内 $\overline{LS1}$、$\overline{LS2}$、$\overline{LS3}$ 中肯定会有一个信号($\overline{LS}$=OFF)出现,使定时器 TIM02 在定时时间未到就被复位,0500 和 0501 就会正常工作,而不会出现关闭。当电梯运行中出现问题时,某层运行的时间大于或等于 10 s 后,TIM02 定时器时间到,其动断触点将 0500 和 0501 关闭,实现每层运行时间小于 10 s。

将上述逻辑式转换成的三层楼电梯厢内控制梯形图,如图 6-2 所示。

3. 指令语句表

指令语句如表 6-1 所示。

表 6-1 指令语句

步序号	助记符	数据	步序号	助记符	数据	步序号	助记符	数据
0000	LD	0000	0025	LD	1003	0047	AND-NOT	0001
0001	OR	0001	0026	TIM	00	0048	OR	TIM01
0002	AND	0005			#0020	0049	AND-NOT	0000
0003	OR	1000	0027	LD	1000	0050	OUT	1006
0004	AND-NOT	002	0028	OR	1001	0051	LD	0001
0005	OUT	1000	0029	OR	1002	0052	AND~NOT	1006
0006	LD	0000	0030	AND-NOT	TIM02	0053	OR	1007
0007	AND	0004	0031	AND-NOT	0501	0054	AND~NOT	TIM01
0008	OR	1001	0032	OUT	0500	0055	OUT	1007
0009	AND-NOT	0001	0033	LD	0002	0056	LD	1007
0010	OUT	1001	0034	OR	0001	0057	TIM	01

续表

步序号	助记符	数据	步序号	助记符	数据	步序号	助记符	数据
0011	LD	0000	0035	AND	0003			#0020
0012	AND	0004	0036	OR	1004	0058	LD	1004
0013	AND	0005	0037	AND-NOT	0000	0059	OR	1005
0014	OR	1002	0038	OUT	1004	0060	OR	1006
0015	AND-NOT	0001	0039	LD	0002	0061	AND-NOT	TIM02
0016	OR	TIM00	0038	AND	0004	0062	AND-NOT	0500
0017	AND-NOT	0002	0040	OR	1005	0063	OUT	0501
0018	OUT	1002	0041	AND-NOT	0001	0064	LD-NOT	0000
0019	LD	0001	0042	OUT	1005	0065	AND-NOT	0001
0020	AND-NOT	1002	0043	LD	0002	0066	AND-NOT	0002
0022	IR	1003	0044	AND	0003	0067	TIM	00
0023	AND-NOT	TIM00	0045	AND	0004			#0100
0024	OUT	1003	0046	OR	1006	0068	END	

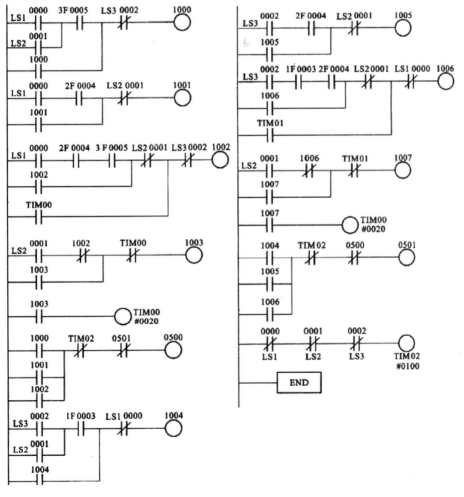

图 6-2　三层楼电梯厢内控制梯形图

项目二 PLC 在自动生产线上的应用

1. 控制要求

图 6-3 为分拣大、小球的自动装置的示意图。其工作过程如下：

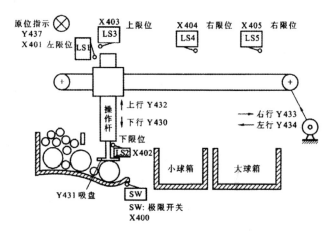

图 6-3 大、小球自动装置示意图

（1）当输送机处于起始位置，上限位开关 LS3 和左限位开关 LS1 被压下，极限开关 SW 断开。

（2）启动装置后，操作杆下行，直到极限开关 SW 闭合，此时，若碰到的是大球，则下限位开关 LS2 仍为断开状态，若碰到的是小球，则下限位开关 LS2 为闭合状态。

（3）接通控制吸盘的电磁阀线圈。

（4）假设吸盘吸起小球，则操作杆向上行，碰到上限位开关 LS3 后，操作杆向右行；碰到右限位开关 LS4（小球的右限位开关）后，再向下行，碰到下限位开关 LS2 后，将小球释放到小球箱里，然后返回到原位。

（5）如果启动装置后，操作杆下行一直到 SW 闭合后，下限位开关 LS2 仍为断开状态，则吸盘吸起的是大球，操作杆右行碰到右限位开关 LS5（大球的右限位开关）后，将大球释放到大球箱里，然后返回到原位。

2. I/O 地址分配

I/O 地址分配图，如图 6-4 所示，采用 F 系列 PLC 实现控制。

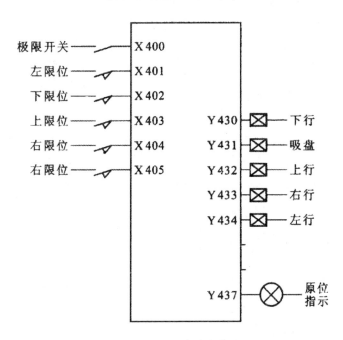

图 6-4　I/O 地址分配图

3. 功能图的设计

自动分检顺序控制 STL 功能图，如图 6-5 所示。分检装置自动控制过程如下：

图中 M71 产生初始化脉冲，F671、F672 和 F670 起作用，使状态器 S600~S613 均复位，再将状态器 S600 置位；此时如操纵杆在最上端（X403=ON）、最左端（X401=ON），并且吸盘控制线圈断开（Y431=0FF）。状态由 S600 转移到 S601，Y430 得电使操作杆向下移动，直至极限开关 SW（X400=ON）闭合。进入选择顺序的两个分支电路。此时如果吸盘吸起的是大球，则 X402 的动合触点仍为断开，而动断触点闭合，S601 状态转移到 S605；如果吸盘吸起的是小球，则 X402 的动合触点闭合，S601 状态转移到 S602。

当状态转移到 S602 后，吸盘电磁阀 Y431 被置位，Y431 得电吸起小球，并同时启动时间继电器 T451；延时 1 s 后，状态转移到 S603，使上行继电器 Y432 得电，操作杆上行，直到压下上限位开关 X403，状态转移到 S604，右行继电器 Y433 得电，使操作杆右行，直到压下右限位开关 X404，状态转移到 S610，使下行继电器 Y430 得电，操作杆下行，直到压下下限位开关 X402，状态转移到 S611，使得电磁阀 Y431 复位，将小球释放在小球箱内，其动作时间由 T452 控制；延时 1 s 后，Y432 得电，使操作杆上行，压下上限位开关 X403 后，使左行继电器 Y434 得电，操作杆左行，直到压下左限位开关 X401 后，操作杆返回到初始状态 S601。系统中大球的检出过程和小球的检出过程相同。

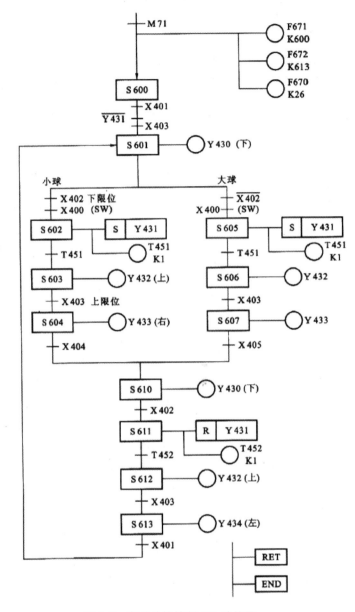

图 6-5   自动分检控制 STL 功能图

4. 梯形图的设计

图 6-6 为大、小球分检控制系统的梯形图。

续表

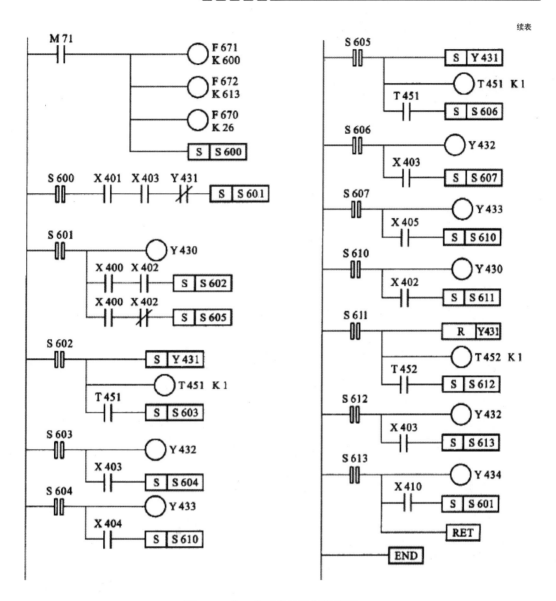

图 6-6   大、小球分检控制梯形图

5. 指令语句表

指令语句如表 6-2 所示。

表 6-2   指令语句表

步序号	助记符	操作数	步序号	助记符	操作数	步序号	助记符	操作数
0000	LD	M71	0020	OUT	T451	0042	OUT	Y433
0001	OUT	F671			Kl	0043	LD	X405
		K600	0021	LD	T451	0044	S	3610

续表

步序号	助记符	操作数	步序号	助记符	操作数	步序号	助记符	操作数
0002	OUT	F672	0022	S	S603	0045	STL	S610
		K613	0023	STL	S603	0046	OUT	Y430
0003	OUT	F670	0024	OUT	Y432	0047	LD	X402
		K26	0025	LD	X403	0048	S	S611
0004	S	S600	0026	S	S604	0049	STL	S611
0005	STL	S600	0027	STL	S604	0050	R	Y431
0006	LD	X401	0028	OUT	Y433	0051	OUT	T452
0007	AND	X403	0029	LD	X404			Kl
0008	ANI	Y431	0030	S	S610	0052	LD	T452
0009	S	S601	0031	STL	S605	0053	S	S612
0010	STL	S601	0032	S	Y431	0054	STL	S612
0011	OUT	Y430	0033	OUT	T451	0055	OUT	Y432
0012	LD	X400	0034		Kl	0056	LD	X403
0013	AND	X402	0035	LD	T451	0057	S	S613
0014	S	S602	0036	S	S606	0058	STL	S613
0015	LD	X400	0037	STL	S606	0059	OUT	Y434
0016	ANI	X402	0038	OUT	Y432	0060	LD	X410
0017	S	S605	0039	LD	X403	0061	S	S601
0018	STL	S602	0040	S	S607	0062	RET	
0019	S	Y431	0041	STL	3607	0063	END	

二、带式运输机的 PLC 控制

带式运输机在冶金、化工、机械、煤矿和建材等工业生产中运用广泛。图 6-7 为某原材料带式运输机的示意图。原材料从料斗经过 1 号、2 号两台带式运输机送出；由电磁阀 M0 控制从料斗向 1 号供料；1 号和 2 号运输带分别由电动机 M1 和 M2 控制。

1. 控制要求

（1）初始状态。料斗、运输带 1 号和 2 号全部处于关闭状态。

（2）启动操作。启动时为了避免在前段运输皮带上造成物料堆积，要求逆送料方向按一定的时间间隔顺序启动。其操作步骤为：

2号→延时5 s→1号→延时5 s→料斗 M0

（3）停止操作。停止时为了使运输机皮带上不留剩余的物料，要求顺物料流动的方向按一定的时间间隔顺序停止。其停止的顺序为：

料斗→延时10s→1号→延时10s→2号

（4）故障停车。在运输带的运行中，若1号运输带过载，应把料斗和1号运输带同时关闭，2号运输带应在1号运输带停止10s后停止。若2号运输带过载，应把1号运输带、2号（M1、M2）和料斗 M0 都关闭。

（5）要求。采用 FX 系列 PLC 实现控制。

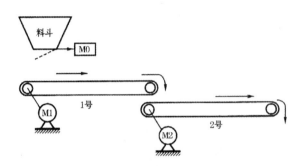

图 6-7　某原材料皮带运输机示意图

2.I/O 地址分配（表 6-3）及接线图（图 6-8）

表 6-3　I/O 地址分配表

类别	PLC 元件	作用
输入	X000	启动按钮
	X001	停止按钮
	X002	M1 热继电器
	X003	M2 热继电器
输出	Y000	M0 料斗控制
	Y001	M1 接触器
	Y002	M2 接触器

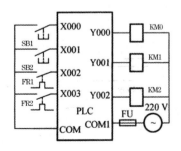

图 6-14　I/O 接线图

127

3．程序设计

（1）根据运输机控制的要求，设计顺序控制功能图，如图 6-9 所示。

（2）带式运输机的 PLC 梯形图如图 6-10 所示。

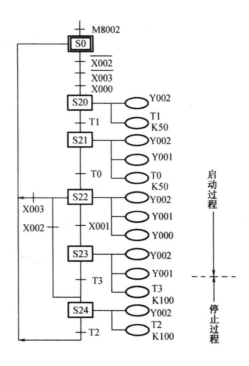

图 6-9　带式运输机的 PLC 功能图

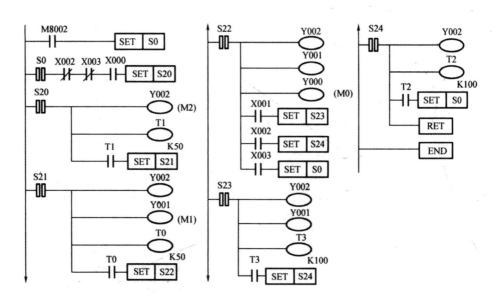

图 6-10　带式运输机的 PLC 梯形图

4. 指令语句表

指令语句表如表6-4所示。

表6-4　指令语句表

步序号	助记符	操作数	步序号	助记符	操作数	步序号	助记符	操作数
0000	LD	M8002	0013	STL	S22	0028	SET	S0
0001	ZRST		0014	OUT	Y002	0029	STL	S24
		S0	0015	OUT	Y001	0030	OUT	Y002
		S25	0016	OUT	T0	0031	OUT	Y001
0002	SET	S0			K50	0032	OUT	T3
0003	STL	S0	0017	LD	T0			K100
0004	LDI	X003	0018	SET	S23	0033	LD	T3
0005	ANI	X004	0019	STL	S23	0034	SET	S25
0006	AND	X000	0020	OUT	Y002	0035	STL	S25
0007	SET	S21	0021	OUT	Y001	0036	OUT	Y002
0008	STL	S21	0022	OUT	Y000	0037	OUT	T2
0009	OUT	Y002	0023	LD	X001			K100
0010	OUT	T1	0024	SET	S24	0038	LD	T2
		K50	0025	LD	X003	0039	SET	S0
0011	LD	T1	0026	SET	S25	0040	RET	
0012	SET	S22	0027	LD	X004	0041	END	

项目三   PLC 在化工生产中的应用

　　某化工生产的一个化学反应过程是在 4 个容器中进行,化学反应装置示意图,如图 6-11 所示。化学反应中的各个容器之间用泵进行输送;每个容器都装有传感器,用于检测容器的空和满;2JHJ 容器装有加热器和温度传感器;3JHJ 容器装有搅拌器。当 1JHJ、2JHJ 容器里的液体抽入到 3JHJ 容器时,启动搅拌器。3JHJ 容器是 1JHJ、2JHJ 容器体积的总和,1JHJ、2JHJ 容器的液体可以将 3JHJ、4JHJ 容器装满。

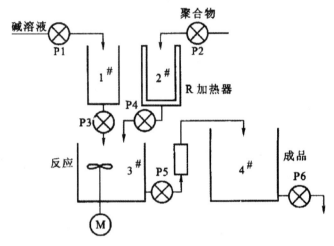

图 6-11   化学反应装置示意图

一、工作过程及控制要求

1. 初始状态

　　容器全都是空的;泵 P1、P2、P3、P4、P5 及 P6 全部关闭;2JHJ 容器的加热器 R 关闭;3JHJ 容器的搅拌器 M 关闭。

2. 启动操作

按下启动操作按钮后,要求按以下步骤自动工作:

　　(1)同时打开泵 P1 和 P2,碱溶液进入 1JHJ 容器内,聚合物进入 2JHJ 容器,直到容器装满。

　　(2)关闭泵 P1 和 P2,并打开加热器 R,给 2JHJ 容器加热,直到容器内的温度达到 60℃。

　　(3)关闭加热器 R,并同时打开泵 P3、P4 及搅拌器 M,将 1JHJ 和 2JHJ 容器中的液体放入到 3JHJ 容器,直到 1JHJ、2JHJ 放空,3JHJ 装满,搅拌器 M 搅拌 60s 后结束。

（4）关闭搅拌器 M、泵 P3 和 P4，并打开泵 P5，将 3JHJ 容器内混合好的液体经过过滤器抽到 4JHJ 容器，直到 3JHJ 容器放空 4JHJ 容器装满。

（5）关闭泵 P5，并打开泵 P6 将产品从 4JHJ 容器中放出，直到 4JHJ 容器放空为止。

3. 停止操作

在任何时候按下停止操作按钮，控制系统都要将当前的化学反应过程进行到最后一步，才能停止动作，防止液体的浪费。

4. 要求

采用 FXJHJJHJON-40M 型 PLC

二、I/O 地址分配

I/O 地址分配表如表 6-5 所示。

表 6-5　I/O 地址分配

输入继电器			输出继电器			
启动	X000	3JHJ　满　X006	泵 P1	Y000	泵 P5	Y006
停止	X001	3JHJ　空　X007	泵 P2	Y001	泵 P6	Y007
1# 满	X002	4JHJ　满　X010	加热器 R	Y002		
1# 空	X003	4JHJ　空　X001	泵 P3	Y003		
2# 满	X004	温度传感器　X002	泵 P4	Y004		
2# 空	X005		搅拌器 M	Y005		

三、功能图的设计

分析上面的工作过程，可以画出控制系统的功能图，如图 6-12 所示。图中含有两个并发顺序；采用步控指令编程；图中的特殊辅助继电器 M8002 给步状态器 S0 ~ S22 进行开机清零，并将初始步 S0 位置。

四、梯形图的设计

将图 6-12 所示功能图转换成梯形图，如图 6-13 所示。

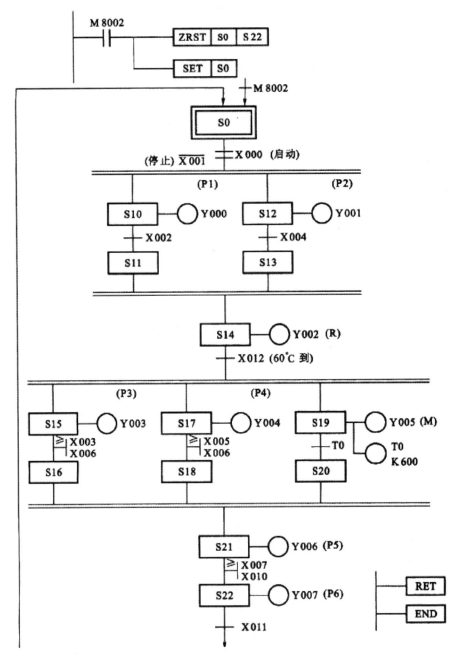

图 6-12　化学反应控制功能图

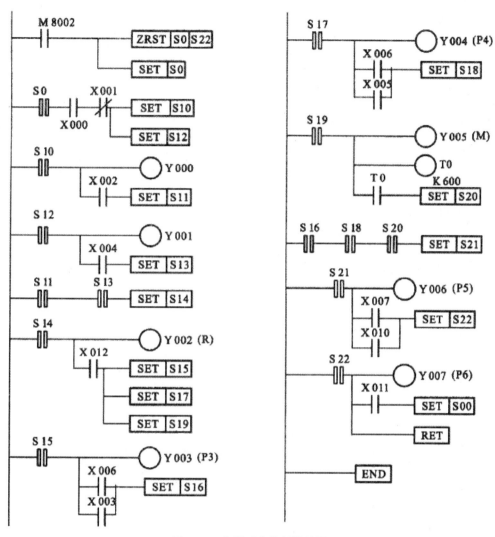

图 6-13　化学反应控制梯形图

五、指令语句表

指令语句表如表 6-6 所示。

表 6-6　指令语句表

步序号	助记符	操作数	步序号	助记符	操作数	步序号	助记符	操作数
0000	LD	M8002	0005	ANI	X001	0012	STL	S12
0001	ZRST		0006	SET	S10	0013	OUT	Y001
		S0	0007	SET	S12	0014	LD	X004
		S22	0008	STL	S10	0015	SET	S13
0002	SEL	S0	0009	OUT	Y000	0016	STL	S11
0003	STL	S0	0010	LD	X002	0017	STL	S13
0004	LD	X000	0011	SET	S11	0018	SET	S14

步序号	助记符	操作数	步序号	助记符	操作数	步序号	助记符	操作数
0019	STL	S14	0032	LD	X006	0044	STL	S21
0020	OUT	Y002	0033	OR	X005	0045	OUT	Y006
0021	LD	X012	0034	SET	S18	0046	LD	X007
0022	SET	S15	0035	STL	S19	0047	OR	X010
0023	SET	S17	0036	OUT	Y005	0048	SET	S22
0024	SET	S19	0037	OUT	Y0	0049	STL	S22
0025	STL	S15			K600	0050	OUT	Y007
0026	OUT	Y003	0038	LD	X0	0051	LD	X011
0027	LD	X006	0039	SET	S20	0052	SET	S0
0028	OR	X003	0040	STL	S16	0053	RET	
0029	SET	S16	0041	STL	S18	0054	END	
0030	STL	S17	0042	STL	S20			
0031	OUT	Y004	0043	SET	S21			

项目四 PLC 在机械加工中的应用

图 6-14 为机械手的动作示意图。该机械手可以上下、左右动作。机械手的上下、左右运动分别由双线圈双位电磁阀驱动气缸来控制，一旦某个方向的电磁阀得电，机械手就一直保持当前状态，直到另一个电磁阀得电后，才终止机械手的动作。机械手的夹紧与放松动作由一个单线圈两位电磁阀驱动气缸来实现，要求控制夹紧和放松动作的时间，线圈得电时机械手夹紧，断电时机械手放松。机械手运动示意图，如图 6-15 所示。

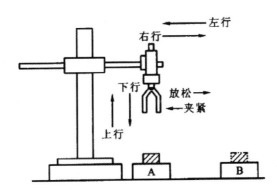

图 6-14 机械手的动作示意图

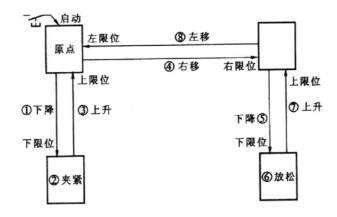

图 6-15 机械手运动示意图

一、机械手的控制要求

1. 初始位置

机械手停在初始位置上，其上限位开关和左限位开关闭合。

2．启动状态

（1）机械手由初始位置开始向下运动，直到下限位开关闭合为止。

（2）机械手夹紧工件，时间为 1 s。

（3）夹紧工件后向上运动，直到上限位开关闭合为止。

（4）再向右运动，直到右限位开关闭合为止。

（5）再向下运动，直到下限位开关闭合为止。

（6）机械手将工件放到工作台上，其放松的时间为 1 s。

（7）再向上运动，直到上限位开关闭合为止。

（8）再向左运动，直到左限位开关闭合，一个工作周期结束。

（9）机械手返回到初始状态。

3．停止状态

按下停止按钮后，机械手要将一个工作周期的动作完成后，才返回到初始位置。

4．机械手动作操作方式

要求机械手有 4 种操作方式：点动工作方式、单步工作方式、单周期工作方式和连续（自动）工作方式。

5．型号选择

采用 FX 系列 PLC 实现控制。

二、PLC 控制设计

1．I/O 地址分配

根据机械手要完成的动作及 4 种工作方式，设定输入输出控制信号，其 I/O 地址分配如下：

限位		输入信号		输出信号	
下限位	X1	手动	X20	下降	Y0
上限位	X2	同原点	X21	夹紧 / 放松	Y1
右限位	X3	单步方式	X22	上升	Y2
左限位	X4	单周期运行	X23	右移	Y3
		连续运行	X24	左移	Y4
		同原点启动	X25		
		启动	X26		
		停止	X27		

2．机械手的操作方式

机械手工作方式的 PLC 操作面板，如图 6-16 所示。操作面板上设置的开关可以实现机械手的各种工作方式的切换。

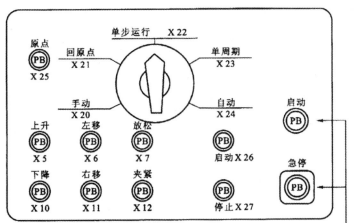

图 6-16　操作面板

（1）手动工作方式（X20）首先将工作方式选择开关置于手动位置即 X20=ON，再通过操作面板上的各个按钮（X5、X10、X12、X7、X6 和 X11）控制机械手完成其相应的动作，即机械手的上升和下降、夹紧和放松、左移和右移。

（2）单步工作方式（X22）按动一次启动按钮 X26，机械手前进一个工步。

（3）单周期工作方式（X23）机械手在原点时，按下启动按钮 X26，机械手自动运行一遍后再返回原点停止。

（4）连续工作方式即自动工作方式，机械手在原点时，按下启动按钮 X26，机械手可以连续反复的运行。若中途按动停止按钮 X27，机械手只能运行到原点后停止。

（5）回原点按下此按钮（X21=ON）。机械手自动回到原点。

面板上设置的另一组启动按钮和急停按钮无 PLC 的 I/O 编号，说明它们不进入 PLC 的内部，与 PLC 运行程序无关。这两个按钮是用来接通或断开 PLC 外部负载的电源。

三、机械手控制系统的程序设计

1. 初始状态设定

利用功能指令 FNC60（IST）自动设定与各个运行方式相应的初始状态。系统的初始化梯形图如图 6-17 所示。图中 X20 是输入的首元件编号；S20 是自动方式的最小状态器编号；S27 是自动方式的最大状态器编号。当功能指令 IST 满足执行条件时，下面的初始状态器及相应的特殊辅助继电器自动被指定如下功能：

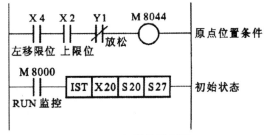

图 6-17　初始化梯形图

（1）S0 手动操作初始状态。

（2）S1 回原点初始状态。

（3）S2 自动操作初始状态。

（4）M8048 禁止转移。

（5）M8041 开始转移。

（6）M8042 启动脉冲。

（7）M8047 STL 监控有效。

2．初始化程序

一个控制程序必须有初始化功能。程序的初始化功能就是自动设定控制程序的初始化参数，机械手控制系统的初始化程序是设定初始状态和原点位置条件。图 6-19 中的特殊辅助继电器 M8044 作为原点位置条件用，M8044 为 FX 系列 PLC 的原点条件继电器。当原点位置条件满足时 M8044 接通，用 M8044=ON 作为执行自动程序的进入条件（图 6-17）。其他初始状态是由 IST 指令自动设定。需要指出的是：初始化程序是在开始执行程序时执行一次，其结果存在寄存器中，这些状态在程序执行过程中大部分都不再变化，但 S2 的状态例外，它随着程序的执行而变化。

3．手动工作方式的程序

手动工作方式的梯形图，如图 6-18 所示。S0 为手动方式时的初始状态。机械手在手动工作方式下，按下 X12，Y1 被置位实现夹紧动作，按下 X7，Y1 被复位实现放松动作。同理上升、下降、左移和右移是由相应的按钮来控制的。在上升、下降和左移、右移的控制作用中加入互锁作用。上限位开关 X2 为左、右动作的进入条件，即机械手必须处于最上端位置时才能进行左、右动作。

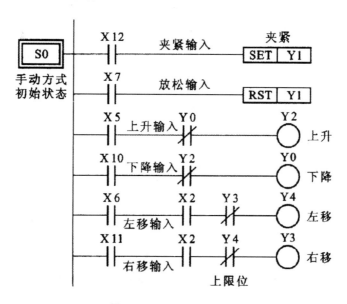

图 6-18　手动方式梯形图

4. 回原点方式

回原点方式功能图，如图 6-19 所示。图中 S1 是回原点的初始状态，由初始化程序使 S1 置位，按下原点按钮 X25=ON，状态转移到 S10，Y1 复位，机械手放松；1Y0 复位，机械停止下降；Y2 得电，机械手上升直至上限位开关 X2 闭合，状态转移到 S11；Y3 复位，停止机械手的右移，Y4 得电，机械手左移，直至左限位开关 X4 闭合，状态转移到 S12；M8043 置位，同时 S21 复位，使机械手的 Y1（夹紧），失电复位（参见机械手自动方式功能图），此时机械手停在原位（最上端、最左端），Y1（夹紧）、Y2（放松）都复位，回原点结束。M8043 是 FX 系列的回原点结束继电器。

5. 自动工作方式

自动方式功能图，如图 6-20 所示。图中 S2 是自动方式的初始状态，状态器 S2 和状态转移开始辅助继电器 M8041 及原点位置条件辅助继电器 M8044 的状态都是在初始化程序中设定的，在程序运行中不再改变。

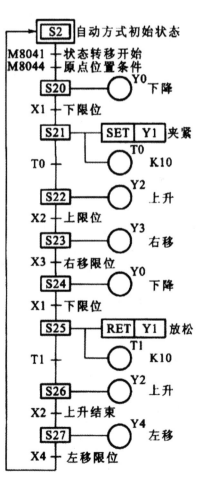

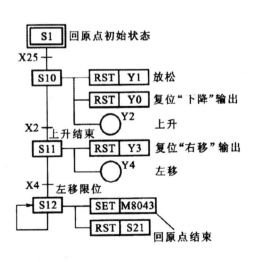

图 6-19　回原点方式　　　　　　　图 6-20　机械手动方式功能图

当辅助继电器 M8041、M8044 闭合时，状态从 S2 向 S20 位置转移，Y0 得电，机械手下降；

当下降运行到下限位开关 X1 闭合时，状态转移到 S21（S20 自动复位，Y0 失电），Y1 得电，机械手夹紧工件，同时定时器 T0 开始计时；当 1s 时间到，T0 触点闭合，状态转移到 S22，Y2 得电，机械手上升到上限位，开关闭合。X2 时，状态转移到 S23，Y3 得电，机械手右移到右限位，开关 X3 闭合时，转移到 S24，Y0 得电，机械手下降到下限位，开关 X1 又闭合时，状态转移到 S25，使得 Y1 复位，机械手松开工件，同时启动定时器 T1，经过 1 s 延时时间后，状态转移到 S26，Y2 得电，机械手上升到上限位，开关 S2 闭合时，状态转移到 S27，Y4 得电，机械手左移到左限位，开关 X4 闭合，返回到 S2，又进入下一个周期的工作过程。

6. 指令语句表

将上面设计的几部分梯形图汇总后，转换成与其相对应的指令语句，可以得到下面所示的机械手控制系统指令语句表表（6-8）。

表 6-8 指令语句表

步序号	助记符	数据	步序号	助记符	数据	步序号	助记符	数据
0000	LD	X4	0027	SET	S10	0056	STL	S22
0001	AND	X2	002S	STL	S10	0057	OUT	Y2
0002	ANI	Y1	0029	RST	Y1	0058	LD	X2
0003	OUT	M8044	0030	RST	Y0	0059	SET	S23
0004	LD	M8041	0031	OUT	Y2	0060	STL	S23
0005	IST		0032	LD	X2	0061	OUT	Y3
		X20	0033	SET	S11	0062	LD	X3
		S20	0034	STL	S11	0063	SET	S24
		S27	0035	RST	Y3	0064	STL	S24
0006	STL	S0	0036	OUT	Y4	0065	OUT	Y0
0007	LD	X12	0037	LD	X4	0066	LD	X1
0008	SET	Y1	0038	SET	S12	0067	SET	S25
0009	LD	X7	0039	STL	S12	0068	STL	S25
0010	RST	Y1	0040	SET	M8043	0069	RST	Y1
0011	LD	X5	0041	RST	S12	0070	OUT	T1
0012	ANI	Y0	0042	RET				K10
0013	OUT	Y2	0043	STL	S2	0071	LD	T1
0014	LD	X10	0044	LD	M8041	0072	SET	S26
0015	ANI	Y2	0045	AND	M8044	0073	STL	S26
0016	OUT	Y0	0046	SET	S20	0074	OUT	Y2
0017	LD	X6	0047	STL	S20	0075	LD	X2
0018	AND	X2	0048	OUT	Y0	0075	SET	S27
0019	ANI	Y3	0049	LD	XI	0077	STL	S27

续表

步序号	助记符	数据	步序号	助记符	数据	步序号	助记符	数据
0020	OUT	Y4	0050	SET	S21	0078	OUT	Y4
0021	LD	X11	0051	STL	S21	0079	LD	X4
0022	AND	X2	0052	SET	Y1	0080	OUT	S2
0023	ANI	Y4	0053	OUT	T0	0081	RET	
0024	OUT	Y3			K10	0082	END	
0025	STL	S1	0054	LD	T0			
0026	LD	X25	0055	SET	S22			

练一练

1. 某一油循环系统如图6-21所示。要求用PLC实现油循环系统的控制，设计功能图、梯形图和指令语句。控制要求为：

（1）当按下启动按钮SB1时，泵1和泵2通电运行，由泵1将油从循环槽打入到淬火槽；经过沉淀，再由泵2打入循环槽，运行15 s后，泵1、泵2停止工作。

（2）在泵1、泵2运行期间，当沉淀槽液位升高到高液位时，液位传感器SL1接通，此时泵1停止，泵2继续运行1 s。

（3）在泵1、泵2运行期间，当沉淀槽液位降低到低液位时，液位传感器SL2接通，此时泵2停止，泵1继续运行1 s。

（4）按下停止按钮SB2时，泵1、泵2停止。

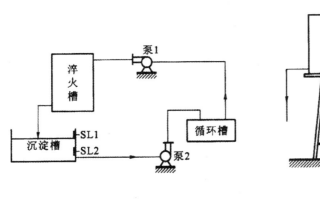

图6-21　油循环系统示意图

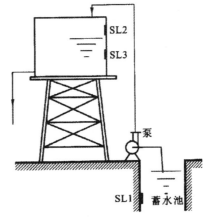

图6-22　自动抽水的蓄水塔示意图

2. 某抽水式的蓄水塔如图6-22所示。要求用PLC控制此系统，画出梯形图并写出指令语句。控制要求为：

（1）若液位传感器SL1检测到蓄水池有水，并且SL2检测到水塔未达到满水位时，抽水泵电动机运行，抽水至水塔；

（2）若SL1检测蓄水池无水，泵电动机停止运行，同时指示灯点亮；

（3）若 SL3 检测到水塔水位低于下限时，水塔无水指示灯点亮；

（4）若 SL2 检测到水塔满水位（高于上限）时，泵电动机停止运行。

3. 某矿场采用的离心式选矿机工作示意图，如图 6-23 所示。用 PLC 对其进行控制，采用步进指令实现控制，要求设计功能图、梯形图和指令语句。控制系统的要求为：

（1）在任何时候按下停车按钮，选矿的整个工艺过程都要进行到底。这样可以减少浪费，同时在下一次工作时可以从头开始，做到工作有序。

（2）按下启动按钮，选矿开始。首先打开断矿阀 A，矿流进入离心选矿机。

（3）180 s 后装满选矿机后，关闭断矿阀，暂停 4 s。

（4）启动离心选矿机和分矿阀 B，（使精矿和尾石分开），运行 25 s 后。

（5）关闭分矿阀 B，同时离心选矿机也停止旋转。

（6）暂停 4 s 后，再打开冲矿阀 C 进行冲水。

（7）2 s 后关闭冲 f 阀 C，暂停 4 s。

（8）再继续打开断矿阀 A，矿流进入离心机，进入下一个工作循环。

4. 某机加工自动线上的动力线有一个钻孔动力头，如图 6-24 所示。用 PLC 实现对钻孔动力头的控制。要求用步进指令编程，画出功能图、梯形图并写出指令语句。该动力头的加工过程如下：

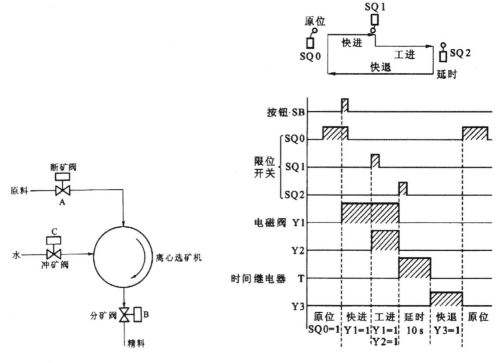

图 6-23　离心机选矿示意图　　　　图 6-25　动力头动作示意图

（1）动力头在原位时按下启动信号后，电磁阀 Y1 闭合，动力头快进。

（2）动力头碰到限位开关 SQ1 后，接通电磁阀 Y1 和 Y2，动力头由快进转入工进。

（3）动力头碰到限位开关 SQ2 后，开始延时 l0 s。当延时时间到，接通电磁阀 Y3，动力头快退。

（4）动力头退回到原位。

5.某化工加热反应炉结构示意图，如 6-25 所示。试用 PLC 控制，设计 I/O 接线图、梯形图及指令语句。其反应炉加热工艺过程如下：

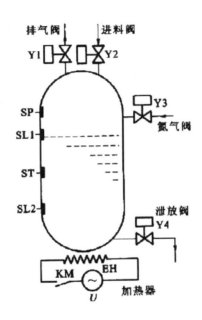

图 6-25 加热反应炉的结构示意图

（1）送料控制

①检测到液面 SL2、炉内温度 ST、炉内压力 SP 都小于给定值时，SL2、ST、SP 闭合；

②打开排气阀 Y1 和进料阀 Y2；

③当液位上升到液面 SL1 时，应关闭排气阀 Y1 和进料阀 Y2；

④延时 20 s，开启氮气阀 Y3，氮气进入反应炉，炉内压力上升；

⑤当压力上升到给定值时，即 SP=1，关闭氮气阀 Y3，送料过程结束。

（2）加热反应过程控制

①交流接触器 KM 得电，接通加热炉发热器 EH 的电源；

②当温度升高到给定值（ST=1）时，切断加热电源，交流接触器断电；

③延时 l0 s，加热过程结束。

（3）泄放控制

①打开排气阀，使炉内压力降到预定最低值（SP=0）。

②打开泄放阀，当炉内溶液降至液位下限（SL2=0），关闭泄放阀和排气阀。系统恢复到原始状态，准备进入下一循环。

6.有一个用 4 台皮带运输机组成的传输系统，如图 6-26 所示。要求用 PLC 构成控制系统，写出设计的梯形图及指令语句。该系统分别用 4 台电动机（M1~M4）带动，具体的控制要求如下：

（1）启动时的顺序为 M4 → M3 → M2 → M1。

（2）停止时的顺序先停止最前一台皮带机，待料运送完毕后再依次停止其他皮带机，即 M1 → M2 → M3 → M4。

（3）当某台皮带机发生故障时，该机以及其前面的皮带立即停止，而该皮带机以后的皮带机待料运完后才停止。如 M2 发生故障，M1、M2 立即停止；经过 5 s 延时后，M3 停止，再经过 5 s 延时后，M4 停止。

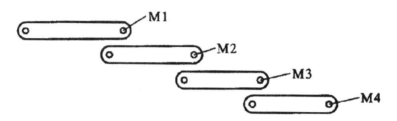

图 6-26　皮带机传输系统示意图